普通高等教育“十二五”规划教材
大学化学实验

仪器分析实验

罗立强　徐引娟　主编

中国石化出版社

内 容 提 要

全书共9章、45个实验，内容包括气相色谱法、高效液相色谱法、电位与电导分析法、极谱和伏安分析法、原子发射光谱法、原子吸收光谱法、可见与紫外分光光度法、红外吸收光谱法和分子荧光光谱法。

本教材为高等院校化学、化工、材料等专业的实验教材，也可供从事化学实验的研究人员参考。

图书在版编目(CIP)数据

仪器分析实验／罗立强，徐引娟主编．—北京：中国石化出版社，2012.3(2020.8重印)
普通高等教育“十二五”规划教材
ISBN 978-7-5114-1466-3

Ⅰ.①仪… Ⅱ.①罗… ②徐… Ⅲ.①仪器分析-实验-高等学校-教材 Ⅳ.①O657-33

中国版本图书馆CIP数据核字(2012)第032152号

中国石化出版社出版发行

地址：北京市东城区安定门外大街58号
邮编：100011 电话：(010)57512500
发行部电话：(010)57512575
http://www.sinopec-press.com
E-mail:press@sinopec.com
北京科信印刷有限公司印刷
全国各地新华书店经销

*

787×1092毫米 16开本 10.5印张 262千字
2020年8月第1版第5次印刷
定价：28.00元

前　言

仪器分析实验是仪器分析化学课程的重要组成部分，内容主要涉及常用仪器分析方法，如气相色谱法、液相色谱法、电化学分析方法、原子吸收光谱法、原子发射光谱法、可见-紫外分光光度法、红外吸收光谱法等的基本原理和实验技术。

考虑到实验与课堂教学的进度不同步，本书在每章的开头部分扼要介绍了各类分析方法的基本知识，并在每一个实验中详细阐明有关实验的基本要领和具体细节，以便读者能够通过预习、对实验内容有清晰的了解，以期达到更好的实验效果。为了方便读者查阅相关资料，书后附录部分收录了分析实验室用水的规格和制备、3200 型原子吸收分光光度计的使用、测微光度计的使用方法、WFJ 7200 型分光光度计的基本操作、ICP-OES 仪器操作、红外光谱中常用符号、红外光谱的八个重要区段、主要基团的红外特征吸收峰等内容。

总之，我们希望：(1)通过本课程学习，学生能够巩固和扩大课堂学习中所获的理论知识；(2)通过熟悉实验操作，牢固地掌握必备的仪器分析实验的基本操作技能和方法；(3)通过观察实验中的现象，培养学生独立思考和分析问题的能力；(4)通过对实验结果的严格要求，培养学生认真、实事求是的科学态度。

参加本书编写的老师有：施志坚、何海波(第1章)，王琦(第2章)，罗立强(第3、4章)，陈瑞兰、董俊萍、张沁(第5章)，袁惠娟、丁亚平、曹志源(第6章)，徐引娟(第7、8章)，吕敬慈、李丽(第9章)，全书由罗立强和徐引娟统稿。在本教材的编写过程中，得到了教研室其他同事的大力帮助和支持，在此表示由衷的感谢。本书由方建慧审校，并提出了许多宝贵的意见和修改建议，对此也谨表谢意。

由于编者的学识水平所限，书中的缺点和错误在所难免，敬请各位专家和读者批评指正，我们将不胜感激。

编　者

于上海大学

目　录

实验的一般指导

一、学生实验须知

实验前，必须认真预习，仔细阅读仪器分析实验内容及仪器使用说明，明确实验目的、原理、方法、步骤，写出预习报告。

实验过程中，应认真观察思考，如实地记录数据和实验现象，并注意遵守实验室的有关规则，养成良好的实验习惯。药品、试剂、电、水、气体等都应节约使用，并要重视实验室安全。实验室中的仪器不要随意拨弄，以防损坏或发生其他事故。

实验完毕后，实验数据应交指导老师审阅，及时写出完整实验报告。报告应包括：

① 实验名称、完成日期、姓名、合作者；

② 实验目的、简要原理、仪器及主要实验步骤；

③ 实验数据及计算结果，实验的讨论。

报告中所列的实验数据和结论，应组织得有条理，合乎逻辑，还应表达得简明正确，并附上应有的图表。

二、误差

在分析测试过程的各个环节中，有很多因素影响所取得实验结果的准确程度，测量值与真实值之间总是存在着一定的差值，即误差。测量的误差愈大，结果愈不可靠；误差愈小，结果的可靠性愈大。很大的测量误差，会使结论毫无科学价值，甚至导致错误结论。因此，对测量结果一定要进行可靠性判断，并设法提高结果的可靠性。

1. 误差分类

实验误差由系统误差与随机误差两部分组成。

2. 误差的来源

由方法、仪器、试剂和个人等比较确定的、经常性的因素引起的系统误差；由偶然的、无法控制的因素引起的随机误差。

3. 减免误差的措施

通过标准方法、标准试样、空白试验、对照试验和仪器校正等途径检出和减免系统误差；通过在一定范围内，增加平行测定的次数，减少随机误差。

4. 准确度和精密度

准确度是指测定值 x 与真值 μ 相符的程度；

精密度是指单次测定值 x_i 与 n 次测定平均值$\bar{x}$的偏差程度；

通常用平均偏差 d 和标准偏差 σ，S 表示测定的精密度，计算式为：

$$d = \frac{1}{n} \sum \left| x_i - \bar{x} \right|$$

$$\sigma = \sqrt{\frac{1}{n} \sum (x_i - \mu)^2} \quad (n \to \infty)$$

$$S = \sqrt{\frac{1}{n-1}\sum(x_i - \bar{x})^2}\ (n\ 为有限次数)$$

标准偏差能够比平均偏差更加灵敏地反映测定数据之间的彼此符合程度。

在一般的分析结果报告中，只需列出 n(测定次数)，$\bar{x}$(测定平均值)及 S(标准偏差)三项即可反映出测定数据的集中趋势(准确度)和各次测定数据的分散情况(精密度)，而不必列出全部数据。

三、测量值计算

测量得到的一组数据，常发现某一个值明显比其他测量值大得多或小得多，对这一可疑值必须找出原因。由于明确的理由，如操作过失等引起的，则可舍去。若不能找到确定的原因，说明它是由偶然因素引起的，这就要用统计的方法来决定数据的可靠性，在判明它出现的合理性之前，不能轻易舍去。

对于次数少的测量，如 3 ~ 10 次，可疑值对平均值的影响较大，可用下面方法决定取舍，但只能舍去一个值。

1. *4d 法*

① 除可疑值外，求出$\bar{x}$、d 值；

② 当可疑值与$\bar{x}$之间大于 $4d$ 时，可疑值舍去。

2. *Q 检验法*

① 求出包括可疑值在内的一组测量值极差 R；

② 计算出可疑值与其紧邻值之差；

③ 将①去除②，得商 Q，即：

$$Q = \frac{|X_{可疑} - X_{紧邻}|}{R}$$

④ 查 Q 值表(表 1)，若计算 Q 值大于表中查得 Q_{0-90}(或 Q_{0-95})值，则可疑值舍去，其置信度是 90%(或 95%)。

表 1　取舍测量值的 Q 表

测量次数	3	4	5	6	7	8	9	10
Q_{0-90}	0.94	0.76	0.64	0.56	0.51	0.47	0.44	0.41
Q_{0-95}	1.53	1.05	0.86	0.76	0.69	0.64	0.60	0.58

四、实验数据及分析结果的表示方法

1. *列表法*

列表法表达数据，具有直观、简明的特点。实验的原始数据一般均以此方法记录。

列表需标明表名。表名应简明，但又要完整地表达表中数据的含义。此外，还应说明获得数据的有关条件。表格的纵列一般为试验号，而横列为测量因素。记录数据应符合有效数字的规定，并使数字的小数点对齐，便于数据的比较分析。

2. *图解法*

图解法可以使测量数据间的关系表达得更为直观。在许多测量仪器中使用记录仪获得测量图形，利用图形可以直接或间接求得分析结果。

(1) 利用变量间的定量关系图形求未知物含量:

定量分析中的标准曲线法，就是将自变量浓度为横坐标，应变量即各测定方法相应的物理量为纵坐标，绘制标准曲线。对于欲求的未知物浓度，可以由它测得的相应物理量值从标准曲线上查得。

(2) 通过曲线外推法求值:

分析化学测量中常用间接方法求测量值。如对未知试样可以通过连续加入标准溶液，测得相应方法的物理量变化，用外推作图法求得结果。在氟离子选择电极测定饮用水中氟的实验中，使用了格氏图解法求得氟离子含量。

(3) 求函数的极值或转折点:

实验常需要确定变量之间具有的极大、极小、转折等，通过图形表达后，可迅速求得其值。如光谱吸收曲线中，峰值波长及它的摩尔吸光系数的求得；滴定分析中，通过滴定曲线上的转折点求得滴定终点等。

(4) 图解微分法和图解积分法:

例如：电位滴定法中，利用图解微分法来确定电位滴定的终点。在气相色谱法中，利用图解积分法求色谱峰面积。

3. 作图方法

作图的方法和技术将影响图解结果，现将标绘时的要点介绍如下:

(1) 标绘工具及图纸:

绘图工具主要有铅笔、透明直尺、圆规等。

一般情况下，均选用直角坐标纸。如果一个坐标是测量值的对数，则可用单对数坐标纸，如直接电位法中，电位与浓度的曲线绘制；如果两个坐标都是测量值的对数，则要用双对数坐标纸。

(2) 坐标标度的选择:

① 以自变量为横坐标，应变量为纵坐标。

② 选择合适的坐标标绘变量，使测量结果尽可能绘得一条直线，便于绘制和应用。

③ 绘出的直线或近乎直线的曲线，应使它安置在接近坐标的45°角。

④ 坐标的标度。第一，应使测量值在坐标上的位置方便易读。如坐标轴上各线间距表示数量1、2、3、4或5是适宜的，但应避免使用3、6、7或9等数字。第二，应能表达全部有效数字，图上读出各物理量的精密度应与测量的精密度一致。第三，坐标的起始点不一定是零。可用低于最低测量值的某一整数作起点，高于最高测量值的某一整数作终点，以充分利用坐标纸。但各测量值的坐标精密度不超过1～2个最小分度。

(3) 图纸的标绘:

① 各坐标轴应标明该轴的变量名称及单位，并在纵轴的左面及横轴的下面，每隔一定距离标明变量的数值，即分度值，但不要将实验数据值写在轴旁。标记分度值的有效数字一般应与测量数据相同。

② 标绘数据时，可用符号代表点，如用“⊙”，其中心点代表测得的数据值，圆点的大小应与测量的精密度相当。若在一张图纸上绘几条曲线，则每组数据应选用不同的符号代表，如+、×、Δ、⊗等，并在图上简要注明各符号分别代表何种情况。但在一张图纸上不宜标绘过多。

③ 绘线时，如果两个量呈线性关系，按点的分布情况作一直线，所绘的直线应与各点

接近，但不必通过所有点，因为直线表示代表点的平均变动情况。在绘制曲线时，也应按此原则。如果毫无理由地将个别点远离曲线，这样所绘的曲线是不正确的。一般地，曲线上不应有突然弯曲和不连续的地方，但如果这种情况确实超出了测量值的误差范围，则不能忽视。如光谱吸收曲线上的突然弯曲显示了肩峰的存在。

作图时先用铅笔沿各点的变化趋势轻轻描绘，再以曲线板逐段拟合描光滑，并注意各段描线的衔接，使整条曲线连续。在使用曲线板时，不要将曲线板上的曲边与手描线所有重合部分一次描完，每次只描 1/2 ~2/3 段为宜。

（4）图名和说明：

绘好图后应注上图名、测量的主要条件，最后标写姓名、日期。

第1章　气相色谱法

色谱是一种分离技术。将这种分离技术应用到分析化学领域、并与适当的检测手段相结合，就是色谱分析。气相色谱是色谱的一种。

气相色谱法(Gas Chromatography，GC)是将少量样品注入到流动的气流中，这种气流被称为流动相或载气。流动相使样品通过一根用固体颗粒填充的柱子，因为颗粒固定在柱子中，因此将它们称为固定相。对气液色谱来说，它是由高沸点的有机溶剂(称为固定液)涂渍在惰性固体(称为担体)的表面所构成。另一相是流动相，一般采用不与被测组分发生化学反应的氢、氮等气体，称为载气。当载气携带被分析的气态混合物通过色谱柱时，由于混合物中各组分的性质不同，与固定相作用的程度也有所不同，因而组分在两相间具有不同的分配系数，经过反复多次的分配之后，使其先后流出色谱柱，从而得到分离。然后，根据流出组分的物理或物理化学性质，可选用合适的检测器，通过电子线路将信号记录下来，得到随时间变化的曲线，称色谱流出曲线，也称色谱图，见图1－1。根据色谱组分峰的出峰时间(保留值)，可用于色谱定性分析。峰的高度或峰面积的大小与组分的含量有关，可用于色谱定量分析。

气相色谱法在有机物分析及气体分析方面具有独特的优点。无论是气体、液体或固体试样，只要在色谱温度适用范围内，具有0.2～10mmHg❶蒸气压的化学稳定物质，原则上均可采用气相色谱法进行分析。气相色谱法具有操作简单、分析快速、分离效能高、灵敏度高、应用范围广的特点。气相色谱法是一种很好的分离和定量手段，但用这一方法进行定性分析，必须使用已知纯物质进行对照。如没有纯物质，就需要与其他方法配合进行定性分析。

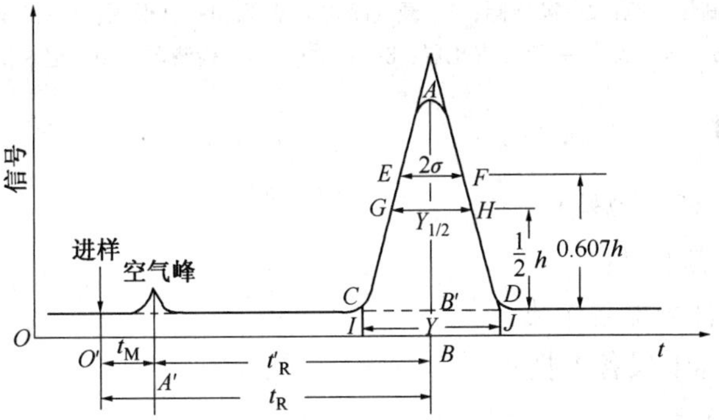

图1－1　色谱流出曲线

❶1mmHg＝133.322Pa。

实验1-1　气相色谱法的基本参数测定

一、目的要求

（1）了解掌握气相色谱分析的基本原理；

（2）了解气相色谱仪器的性能、测试指标及初步学会使用气相色谱仪；

（3）掌握有效塔板数、有效板高和检测器灵敏度的计算方法。

二、基本原理

气相色谱分离是利用试样中各组分在色谱柱中气相和固定相的分配系数不同。当汽化后的试样被载气带入色谱柱中运行时，组分在其中的两相间进行反复多次（10^3 ~ 10^6）的分离（吸附—脱附或溶解—挥发），由于固定相对各组分的吸附或溶解能力不同（即保留作用不同），因此各组分在色谱柱中运行速度不同，经一定柱长后，彼此分离，顺序离开色谱柱进入检测器，在记录仪上描绘出各组分的色谱峰。其简单色谱流程图见图1-2。

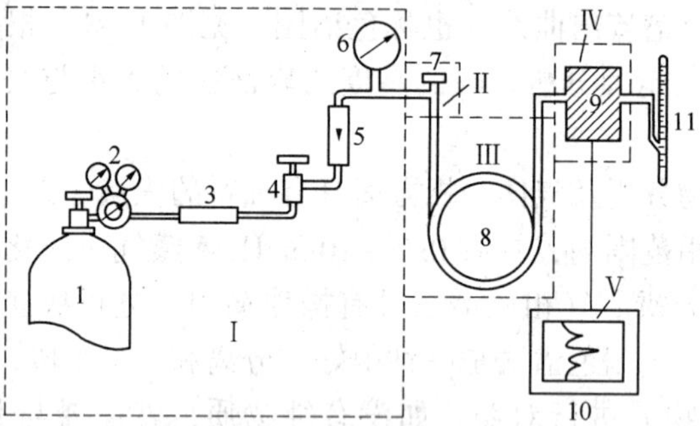

图1-2　气相色谱流程图

1—高压钢瓶；2—减压阀；3—载气净化干燥管；4—针形阀；5—流量计；6—压力表；7—进样汽化器；8—色谱柱；9—检测器；10—记录仪

三、仪器与试剂

（1）气相色谱仪（任一型号）；

（2）1/10 刻度秒表 1 只；

（3）1mL 及 1μL 注射器各 1 支；

（4）钢直尺和游标卡尺各 1 把；

（5）皂膜流量计 1 支；

（6）苯（分析纯）；

（7）含 0.05% 苯的二硫化碳溶液。

四、实验条件

（1）固定相：16% 邻苯二甲酸二壬酯（DNP）/6201 担体（60 ~ 80 目）

（2）流动相：氮气，流量 15mL · min^{-1}（如以氢气为载气，则流量可为 40mL · min^{-1}）；

（3）汽化温度：100℃；

（4）柱温：90℃；

（5）检测器温度：100℃；

（6）桥电流：120mA；

（7）衰减：适当；

（8）进样量：0.5μL；

（9）记录仪量程：5mV/25cm，纸速：600mm · h^{-1}。

五、实验步骤

（1）按正常步骤开机，调节至可进样状态，待记录仪上基线平直时，即可进样。

（2）用皂膜流量计正确测定载气柱后流量。

（3）用微量注射器吸取适量纯苯(0.5μL)，从进样口快速注入，同时按下秒表，记下苯峰流出时间(t_R)。重复操作三次。

（4）吸取0.1~0.3 mL空气进样，记录空气峰流出时间。重复操作三次。按实验步骤3注入一定量的苯，将记录仪的纸速适当加快，记录苯的流出曲线。重复操作三次。

六、数据处理

（1）记录实验条件

① 仪器型号；

② 色谱柱柱长及内径；

③ 色谱柱的固定相及固定液与担体配比；

④ 载气及其流量 u_{opt}；

⑤ 柱前压力及柱温；

⑥ 检测器温度及汽化室温度；

⑦ 桥电流；

⑧ 进样量；

⑨ 信号衰减；

⑩ 记录仪量程及走纸速度。

（2）记录苯的色谱图中的 t_R 及空气色谱图中的死时间 t_M。

（3）测量按实验步骤4记录的苯流出曲线的半峰宽 $Y_{1/2}$ 及峰高 h。

（4）按 $t'_R = t_R - t_M$

$$F_C = F'_C\left(\frac{P^0 - P_W}{P^0}\right)$$

$$V_R = t_R \cdot F_C$$

$$V'_R = t'_R \cdot F_C$$

$$n = 5.54\left(\frac{t_R}{Y_{1/2}}\right)^2$$

$$n_{eff} = 5.54\left(\frac{t'_R}{Y_{1/2}}\right)^2$$

$$S_g = \frac{A \times u_1 \times u_2 \times F_C}{m_i} \times \text{衰减}(mV \cdot mL \cdot mg^{-1})$$

$$A = 1.065h \times Y_{1/2}$$

$$S_t = \frac{60u_1 \times u_2 A}{m_i} \times \text{衰减}(mV \cdot s \cdot g^{-1})$$

计算各 GC 参数。式中：

t_R：保留时间；t'_R：调整保留时间；

V_R：保留体积；V'_R：调整保留体积；

F_C：载气实际柱后流量；

F'_C：由皂膜流量计测定的表观流量；

n：理论塔板数；

n_{eff}：有效理论塔板数；

S_g：浓度型检测器灵敏度；

S_t：质量型检测器灵敏度；

u_1：记录仪量程，$mV \cdot cm^{-1}$；

u_2：记录仪纸速倒数，$min \cdot cm^{-1}$；

P_W：室温下水的饱和蒸气压，mmHg；

P^0：柱后压力为760mmHg。

将上述各数据列表表示之。

七、注意事项

如测定质量型检测器(FID)的 S_t 时，应注入一定量的0.05%苯的二硫化碳溶液后，测定其流出曲线的 h 和 $Y_{1/2}$，且勿注入纯苯。因为 FID 的灵敏度比 TCD 的灵敏度要高出 4～5 个数量级。

八、思考题

(1) n 值和 n_{eff} 值在衡量色谱柱柱效上有何区别？

(2) S_t 和 S_g 在表征检测器灵敏度上有何区别？

实验1-2　色谱填充柱的制备

一、目的要求

(1) 学习固定液的涂渍方法；

(2) 学习填装色谱柱的操作及色谱柱的老化处理方法。

二、基本原理

色谱柱是色谱仪的关键部件之一。一般而言，市售色谱仪不可能配置各类色谱柱，必须学会色谱柱的制备。制备气液色谱的色谱柱，一般应考虑以下几方面：

1. 担体的选择与预处理

根据被测组分的极性大小选择极性不同的担体，并通过酸洗、碱洗或硅烷化、釉化等方法进行预处理，以改进担体孔径结构和屏蔽活性中心，从而提高柱效(有些市售担体已经过酸洗、碱洗或硅烷化处理)。担体的颗粒度常用60～80目。常用的担体及其性能和用途参见表1-1。

表1-1　常用的气液色谱担体

担体名称		国内生产厂	特　点	用　途	国外相应商品名称
红色硅藻土	6201担体	大连红光化工厂	具有一般红色担体的特点	分析非极性和弱极性物质	C-22保温砖
	201担体	上海试剂厂	具有一般红色担体的特点	分析非极性和弱极性物质	Chromosorb P
	釉化担体	大连红光化工厂	性能介于红色担体和白色担体之间	分析中等极性的物质	Gas chrom R
	301担体	上海试剂厂	性能介于红色担体和白色担体之间	分析中等极性的物质	Chezasorb
白色硅藻土	101白色担体	上海试剂厂	一般白色担体	宜于配合极性固定液，分析极性或碱性物质	Celite 545
	102白色担体	上海试剂厂	一般白色担体		Gas Chrom(A. Cl. P. Q. S. Z)
	101硅烷化白色担体	上海试剂厂	经硅烷化处理	分析高沸点和氢键型物质	Chromosorb(A. G. W)
	102硅烷化白色担体	上海试剂厂	经硅烷化处理		Anakrom(V. P)
非硅藻土类担体	玻璃微球	上海试剂厂	比表面积$\sigma/0.02m^2\cdot g^{-1}$	分析高沸点和易分解物质，固定液含量<1%	Teflon-6(聚四氟乙烯)和Daiflon(聚散氟乙烯)
	硅烷化玻璃微球	上海试剂厂	经硅烷化处理		
	氟担体	上海试剂厂	比表面积$\sigma/10.5m^2\cdot g^{-1}$	分析强极性物质和腐蚀性气体	
	GDX型高分子多孔微球(01～04型)	北京试剂厂和天津试剂厂	随聚合的原料不同，极性有所变化	分析气相和液相中H_2O、CO、CO_2、CH_4、$C_2^=$、$C_3^=$、C_2^0低级醇及H_2S、SO_2、NH_3、NO_2等	
	有机担体401、402型	上海试剂厂	随聚合的原料不同，极性有所变化	同上	

2. 固定液的选择

根据“相似相溶”的原理和被测组分的极性，选择合适的固定液。

3. 确定固定液和担体的配比

一般固担比为(5∶100)～(25∶100)，配比的比值直接影响担体表面固定液液膜的厚度，因而影响色谱柱的柱效。

4. 柱管的选择与清洗

一般填充柱的柱长常用1～5m，色谱柱的内径为3～6mm。柱管材质有不锈钢、玻璃、铜等供选择(以不锈钢较为常用)。然后用酸、碱反复清洗。

5. 色谱柱的填装和老化

固定相在管柱内填装得是否均匀、紧密，并在填装过程中不被破碎，对色谱柱的柱效影响甚大。固定相在填装后还必须进行老化处理，以除去残留的溶剂和低沸点杂质，并使固定液液膜牢固、均匀地涂布在担体表面。

三、仪器与试剂

(1) 气相色谱仪(任一型号)；

(2) 红外线干燥箱250W；

(3) 筛子：60～80目；

(4) 真空泵和水泵；

(5) 干燥塔(玻璃)；

(6) 漏斗；

(7) 蒸发皿；

(8) 玻璃三通活塞；

(9) 不锈钢色谱柱管：长2m，内径3mm；

(10) 固定相：邻苯二甲酸二壬酯(DNP)，色谱纯；

(11) 担体：6201红色硅藻土，60～80目；

(12) 乙醚、盐酸、氢氧化钠等(均为分析纯)。

四、实验步骤

1. 担体的预处理

称取100g 60～80目的6201红色硅藻土担体，置于400mL烧杯中，加入6mol·L^{-1}盐酸溶液，浸泡20～30min，然后用水清洗至中性，抽滤后转移至蒸发皿中，于105℃烘箱内烘4～6h，冷却后再用60～80目筛子过筛，并保存于干燥器内备用。若为已经预处理的市售商品担体，则本步骤可省略，过筛后便可使用。但在涂渍前，为除去担体吸附的水分，需在105℃烘箱内烘4～6h。

2. 固定液的涂渍

称取固定液邻苯二甲酸二壬酯7.5g于150mL烧杯中，加入适量乙醚溶解。乙醚的加入量应能浸没担体并保持有3～5mm的液层。然后加入50g 6201担体，置于通风橱内使乙醚自然挥发，并且不时加以轻缓搅拌，待乙醚挥发完毕后，移至红外线干燥箱内，烘干20～30min即可准备填充。本实验选用的固定液和担体的配比为15∶100。

3. 色谱柱的填装

取一根长2m、内径3mm的不锈钢或玻璃的螺旋状柱管，柱管一端和水泵相连，另一端接漏斗，倒入50mL 1～2mol·L^{-1}的盐酸溶液，浸泡5～6min，然后用水抽洗至中性，再用

50mL 1 ~ 2mol · L^{-1}的氢氧化钠溶液浸泡抽洗，再用水抽洗之，如此反复抽洗 2 ~ 3 次，最后再用水抽洗至中性，烘干备用。

本实验采用真空泵抽吸填装色谱柱。将清洗烘干备用的不锈钢或玻璃管柱按图 1 – 3 连接，启动真空泵 6，在漏斗 1 中倒入涂有邻苯二甲酸二壬酯的固定相填料，待系统抽到一定真空度时，打开弹簧夹 2。此时，固定相填料被迅速抽入管柱 3，用小木棒轻轻敲打管柱的各个部分，使固定相填料均匀而紧密地填装到填装管柱内，直到固定相填料不再继续进入管柱为止。旋转玻璃三通活塞 4 切换与大气相通，然后切断真空泵电源，取下色谱柱 3，并在色谱柱两端塞垫一层干净的玻璃棉，按上螺帽，同时在进气端标上进气方向字样或箭头，填充完毕。

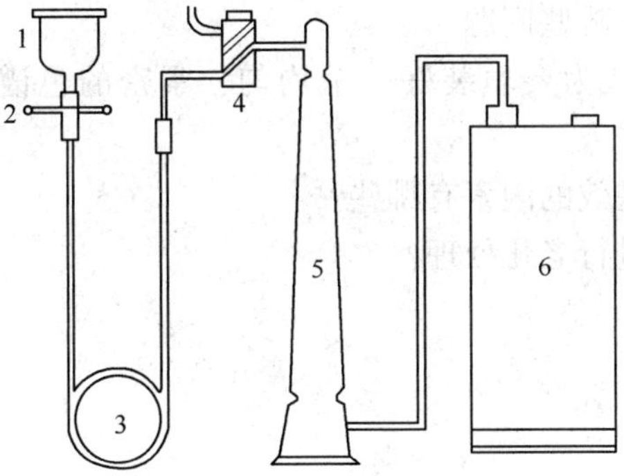

图 1 – 3　色谱柱装填装置图

1—小漏斗；2—螺旋夹；3—色谱柱管；

4—三通活塞；5—干燥塔；6—真空泵

4. 色谱柱的老化处理

(1) 把填充好的色谱柱进气口与色谱仪上载气口相连接，色谱柱的出气口直接通大气。不要接检测器，以免检测器受杂质污染。

(2) 开启载气，使其流量为 5 ~ 10mL · min^{-1}，并用毛笔或棉花团蘸些洗衣粉或洗涤精水溶液，抹于各个气路连接处，如发现有气泡，表明气路连接处漏气，应重新连接，直至不出现气泡为止。

(3) 开启色谱仪上总电源和柱室温度控制器开关，调节柱室温度于 110℃。进行老化处理 4 ~ 8h，然后接上检测器，开启记录仪电源，若记录基线平直，说明老化处理完毕，即可用于测定。

五、注意事项

1. 涂渍时的注意事项

(1) 若使用的溶剂不是低沸点、易挥发的，则应在低于溶剂沸点约 20℃ 的水浴上，徐徐蒸去溶剂。

(2) 在溶剂挥发过程中，搅动应轻而缓慢，不可剧烈搅拌和摩擦蒸发皿，以免把担体搅碎。

(3) 开始时不能使用红外线干燥箱来蒸发溶剂，否则溶剂蒸发太快，使固定液涂渍不均匀。

(4) 选择的溶剂应能完全溶解固定液，不可出现悬浮或分层等现象，同时溶剂应能完全浸润担体。

2. 装填固定相填料时的注意事项

（1）在色谱柱管与玻璃三通活塞之间，需用不锈钢丝网隔开，以免固定相填料被抽入干燥塔内。

（2）敲打色谱柱管时，不能用金属棒剧烈敲击，以免固定相填料破碎。

（3）装填完毕，需先把玻璃三通活塞先与大气相通，然后再切断真空泵电源，否则泵油将被倒抽至干燥塔内。

（4）若填充后色谱柱内的固定相填料出现断层或间隙，则应重新填装。

六、思考题

（1）涂渍固定液应注意哪些问题？

（2）通过本实验，你认为要填装好一个均匀、紧密的色谱柱，在操作上应注意哪些问题？

（3）影响填充色谱柱柱效的因素有哪些？

（4）色谱柱为什么需进行老化处理？

实验1-3　填充色谱柱的柱效测定

一、目的要求

(1) 了解气相色谱仪的基本结构、工作原理和操作技术；
(2) 学习色谱柱的柱效测定方法；
(3) 掌握有效塔板数及有效塔板高度的计算方法。

二、基本原理

色谱柱的柱效能(柱效)是色谱柱的一项重要指标，混合物能否在色谱柱中得到分离，除取决于选择固定相外，还与色谱操作条件及色谱柱的填装状况有关。在一定的色谱条件下，色谱柱的柱效可用理论塔板数或理论塔板高度来衡量。一般说来，塔板数越多，或塔板高度越小，色谱柱的分离效能越好。在实际工作中使用有效塔板数 $n_{有效}$ 及有效塔板高度 $H_{有效}$ 来表示更为准确，更能真实反映色谱柱分离的好坏，计算公式为：

$$n_{有效}=5.54\left(\frac{t'_R}{Y_{1/2}}\right)^2=16\left(\frac{t'_R}{Y}\right)^2$$

$$t'_R=t_R-t_M$$

$$H_{有效}=\frac{L}{n_{有效}}$$

式中：t'_R为组分的调整保留时间，t_R 为组分的保留时间，t_M 为空气的保留时间(称为死时间)；$Y_{1/2}$为色谱峰的半峰宽度；Y 为色谱峰的峰底宽度；L 为色谱柱的长度。

由于各组分在固定相和流动相之间分配系数不同，因而同一色谱柱对各组分的柱效也不相同，所以在报告 $n_{有效}$时，应注明对何种组分而言。

三、仪器与试剂

(1) 气相色谱仪、热导池检测器：任一型号；
(2) 色谱柱：参见图1-3；
(3) 氮气或氢气；
(4) 皂膜流量计；
(5) 微量进样器：10μL；
(6) 医用注射器：2mL；
(7) 苯、甲苯、邻二甲苯、乙醚等：均为分析纯。

四、实验条件

(1) 固定相：邻苯二甲酸二壬酯：6201 担体(15:100)，60~80 目；
(2) 流动相：氮气，流量为 $15mL\cdot min^{-1}$(如以氢气为载气，则流量为 $40mL\cdot min^{-1}$)；
(3) 柱温：110℃；
(4) 汽化温度：150℃；
(5) 检测器：热导池，检测温度110℃；

（6）桥电流：110mA；

（7）衰减比：适当；

（8）进样量：0. 5μL；

（9）记录仪：量程 5mV/25cm，纸速 600mm · h^{-1}。

五、实验步骤

（1）根据实验条件，开启载气钢瓶调节减压阀输出压为 2kgf · cm^{-2}，调节 GC 仪针形阀，使柱出口流量为 20 ~ 25mL · min^{-1}。

（2）开启 GC 仪电源，鼓风马达，温控电源，调节层析室温度为 80℃，汽化室温度为 120℃，检测器温度为 100℃。

（3）温度平衡后，开启热导池电源，调节电源在 100mA，衰减置于适当位置。

（4）待气流和电路系统基本稳定后，开启记录仪，调节“零调”，使记录仪指针在“0”V 处。基线基本平直后即可进行分析。

（5）吸取 0. 5μL 苯（分析纯）和 0. 5μL 甲苯（分析纯）进样，记录苯和甲苯的色谱图，并重复二次。

（6）为测定死时间 t_M，吸取 0. 3 ~ 0. 5mL 空气进样，记录空气的色谱图，并重复二次。

（7）实验完成后，以乙醚抽洗微量进样器数次，并按仪器操作步骤中的有关细节关闭仪器（依次关闭记录仪、热导电源、温控电源、鼓风马达、GC 仪电源、总电源，然后关闭载气钢瓶）。

六、数据处理

（1）记录实验条件。

① 色谱柱的柱长及内径；

② 固定相及固定液与担体配比；

③ 载气及其流量；

④ 柱前压力及柱温；

⑤ 检测器及其测量温度；

⑥ 桥电流及进样量；

⑦ 衰减比；

⑧ 记录仪量程及纸速。

（2）测量空气色谱图中的死时间。

（3）测量苯和甲苯色谱图中苯和甲苯的保留时间 t_R 及其色谱峰的半峰宽度 $Y_{1/2}$（均以 mm 表示）。

（4）计算苯和甲苯在该色谱柱上的各 $n_{有效}$ 和 $H_{有效}$ 值。将以上各数据列表表示之。

七、注意事项

（1）不同物质在同一色谱柱上的柱效是不一样的，表示柱效能指标时，须说明对什么物质而言。

（2）注意开机、关机的顺序，切勿搞错。

（3）进样时注意取样量的准确性，确保数据重复性好。

八、思考题

(1) 由本实验测得的有效塔板数可说明什么问题？

(2) 用同一根色谱柱分离不同组分时，其塔板数是否一样？为什么？

(3) 以微量进样器进样时应注意什么？

(4) 保持测定数据的重复性的关键是什么？

实验1-4 气相色谱分析中最佳流速测定

一、目的要求

（1）学习利用 Van Deemter 方程测绘色谱柱的 $H \sim u$ 曲线；

（2）利用 $H-u$ 曲线，求最佳载气线速度，最小塔板高度 H_{min} 及在最佳载气线速度下的 n 值。

二、基本原理

色谱柱的柱效(塔板数 n)与气相色谱实验的许多实验参数有关。Van Deemter 等在对色谱过程动力学研究的基础上，提出了速度理论方程：

$$H = A + B/u + Cu$$

式中，H 为理论塔板高度；A 为涡流扩散项；B/u 为分子扩散项；Cu 为介质阻力项；u 为载气的线速度；其中 A、B、C 分别为与固定相的相对粒度、载气相对分子质量、组分在气相和液相中的扩散系数以及液膜相对厚度等因素有关的常数。对于填充完毕的色谱柱来说，A、B、C 常数均已固定。

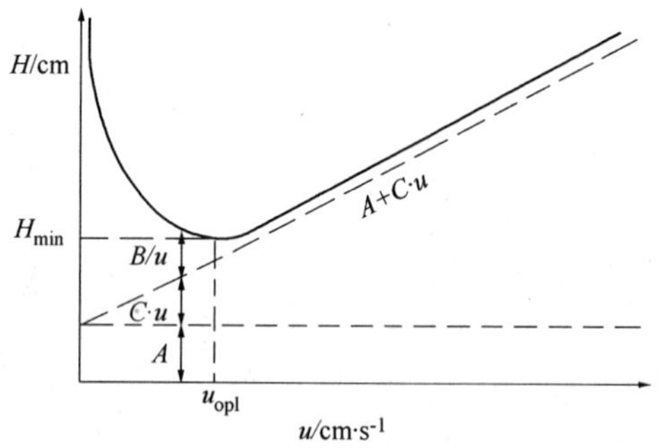

图1-4 塔板高度 H 与载气线速度 u 的关系

上图给出了 $H-u$ 关系曲线。曲线上 u_{opt} 对应了 H_{min}。根据 $n = L/H$，在给定了色谱柱长度的条件下，若在 u_{opt} 条件下进行色谱操作，即可获得最高的柱效。

本实验通过在一系列不同的载气流量下，测得相应的 H，并由 $u = L/t_M$（t_M 为相应载气流量下的死时间）求得载气平均线速度，以 H 为纵坐标，u 为横坐标绘制 $H \sim u$ 关系曲线。由此曲线可求得 u_{opt} 及相应的 H_{min}。但在实际的色谱测定中，

缩短分析时间，往往可以在不影响组分分离的前提下采用比最佳流速稍大的流速即实用最佳流速来进行色谱分析。

三、仪器与试剂

（1）气相色谱仪(以及相应配套设施)；

（2）色谱柱：16% DNP / 6201 红色硅藻土(60 ~ 80 目)；

（3）1μL 微量进样器，1mL 注射器；

（4）皂膜流量计；

（5）电子秒表；

（6）苯、乙醚：均为分析纯。

四、实验条件

（1）固定相：16%邻苯二甲酸二壬酯(DNP)/6201 担体(60～80 目)；

（2）流动相：氮气，流量 15mL·min^{-1}(如以氢气为载气，则流量可为 40mL·min^{-1})；

（3）汽化温度：100℃；

（4）柱温：90℃；

（5）检测器温度：100℃；

（6）桥电流：120mA；

（7）衰减：适当；

（8）进样量：0.5μL；

（9）记录仪量程：5mV/25cm；纸速：600mm·h^{-1}。

五、实验步骤

（1）根据实验条件，开启载气钢瓶调节减压阀输出压为 2kgf·cm^{-2}❶，调节 GC 仪针形阀，使柱出口流量为 20～25mL·min^{-1}。

（2）开启 GC 仪电源，鼓风马达，温控电源，调节层析室温度为 80℃，汽化室温度为 120℃，检测器温度为 100℃。

（3）温度平衡后，开启热导池电源，调节电源在 100mA，衰减置于适当位置。

（4）待气流和电路系统基本稳定后，开启记录仪，调节“零调”，使记录仪指针在“0”V处。基线基本平直后即可进行分析。

（5）将皂膜流量计连接至载气出口处。调节载气流量(F_C)分别为 10mL·min^{-1}、20mL·min^{-1}、30mL·min^{-1}、40mL·min^{-1}、50mL·min^{-1}、60mL·min^{-1}、70mL·min^{-1}(以皂膜流量计测定)，并在上述不同载气流量下，分别选择 0.5μL 苯和 0.3～0.5mL 空气，记录下各自的色谱图，并各重复三次。

（6）所得色谱图上记录空气保留时间 t_M(s)和苯的 t_R(mm)。

六、数据处理

（1）记录实验条件：

① 色谱柱的柱长及内径；

② 固定相及固定液与担体配比；

③ 载气及其流量；

④ 柱前压力及柱温；

⑤ 检测器及其测量温度；

⑥ 桥电流及进样量；

⑦ 衰减比；

⑧ 记录仪量程及纸速。

（2）将所测得的 t_M、t_R 及 $Y_{1/2}$ 数据以及计算所得的 n、H、u 数据列于下表。

---

❶1kgf·cm^{-2} = 98.0665kPa。

F_0/mL·min^{-1}	t_M/mm				t_R/mm				$Y_{1/2}$/mm	n/块·m^{-1}	H/mm	u/cm·s^{-1}
	1	2	3	平均值	1	2	3	平均值				

（3）绘制苯在此实验条件下的 $H-u$ 曲线，并从曲线上求得 H_{min} 和 u_{opt} 值。

（4）计算在 u_{opt} 条件下的色谱柱的 n 值。

七、注意事项

（1）实验过程中，每次改变 u 后均应让其平衡 1min 后进样，使其 F_C 在系统内达到平衡。

（2）测量同一 F_C 条件下的空气的 t_M 和苯的 t_R 必须保持相同的色谱条件。

（3）u 数据点的选择应分布合理。

（4）对不同的 F_C，可选择适当的记录仪纸速，以减少测量误差。

八、思考题

（1）色谱柱确定以后，其柱效是否是确定不变的？为什么？

（2）如何选择合适的载气流速，以保证最佳分离效果？

实验1-5 气相色谱定性分析——保留值定性法

一、目的要求

(1) 学习利用保留值和相对保留值进行色谱对照的定性方法；

(2) 熟悉色谱仪器操作。

二、基本原理

在一定的色谱条件下，待测物质中的各组分均有各自确定不变的保留值，因此保留值可作为一种定性指标。对于较简单的多组分样品，如果它们的色谱峰均能分开，则可将各色谱峰的保留值与各相应的标准样品在相同的色谱条件下所得的保留值进行比较对照，确定未知样品中各色谱峰所代表的物质，这就是保留值定性法。这种方法是气相色谱分析中最常用的定性方法。但是保留值作为定性指标易受色谱操作条件的影响。而相对保留值仅与固定相和温度有关，受其他操作条件的影响很小，因此更适合于色谱定性分析。相对保留值 γ_{is} 定义为：

$$\gamma_{is}=\frac{t'_{R_i}}{t'_{R_s}}=\frac{t_{R_i}-t_M}{t_{R_s}-t_M}$$

式中 t_M、t'_R、t'_s、分别为死时间、被测组分 i 及标准物质 s 的调整保留时间。

三、仪器与试剂

(1) 气相色谱仪：任一型号；

(2) 色谱柱：16% DNP/6201 红色担体(60~80 目)；

(3) 微量进样器：10μL；医用注射器 1mL；

(4) 环己烷、苯、甲苯、乙苯、邻二甲苯：均为分析纯。

四、实验条件

(1) 固定相：邻苯二甲酸二壬酯，6201 担体(15∶100)，60~80 目；

(2) 流动相：氮气，流量为 $15mL\cdot min^{-1}$(以氢气为载气，则流量为 $40mL\cdot min^{-1}$)；

(3) 柱温：110℃；

(4) 汽化温度：150℃；

(5) 检测器：热导池，检测温度 110℃；

(6) 桥电流：110mA；

(7) 衰减比：适当；

(8) 进样量：0.5μL；

(9) 记录仪：量程 5mV/25cm，纸速 $600mm\cdot h^{-1}$。

五、实验步骤

(1) 准备四个 10mL 容量瓶，按 1∶50(体积)比例分别配制环己烷：邻二甲苯、苯：邻二甲苯、甲苯：邻二甲苯、乙苯：邻二甲苯溶液，摇匀备用。

（2）将色谱仪根据实验条件调节至可进样状态

① 开启载气钢瓶调节减压阀输出压为 $2kgf \cdot cm^{-2}$，调节 GC 仪针形阀，使柱出口流量为 $20 \sim 25mL \cdot min^{-1}$。

② 开启 GC 仪电源，鼓风马达，温控电源，调节层析室温度为 80℃，气化室温度为 120℃，检测器温度为 100℃。

③ 温度平衡后，开启热导池电源，调节电源在 100mA，衰减置于适当位置。

④ 待气流和电路系统基本稳定后，开启记录仪，调节“零调”，使记录仪指针在“0”V 处。基线基本平直后即可进行分析。

（3）分别抽取上述溶液 2μL，依次进样，每次进样重复三次，并在每组样品的色谱图上做好标记，注明混合样的名称。

（4）吸取 2μL 已加入邻二甲苯的未知样品［按 1∶50（体积）比例配制］进样，记录色谱图，重复三次。

（5）在相同实验条件下，吸取 0.3 ~ 0.5mL 空气进样，记录色谱图，重复三次。

六、数据处理

（1）记录实验条件：

① 色谱柱的柱长及内径；

② 固定相及固定液与担体配比；

③ 载气及其流量；

④ 柱前压力及柱温；

⑤ 检测器及其测量温度；

⑥ 桥电流；

⑦ 进样量；

⑧ 衰减比；

⑨ 记录仪量程及纸速。

（2）测量各色谱图中各组分的保留时间 t_R、空气保留时间（死时间）t_M。

（3）以甲苯为标准组分，计算各组分的 t'_R 及 γ_{is}，且将数据列于下表：

	空气				环己烷				苯				甲苯				乙苯			
	1	2	3	平均值	1	2	3	平均值	1	2	3	平均值	1	2	3	平均值	1	2	3	平均值
t_M/mm																				
t_{R_i}/mm																				
$t'_{R_i} = t_{R_i} - t_M$																				
$\gamma_{is} = \frac{t'_{R_i}}{t'_{R_s}}$																				

（4）测量未知组分中各组分的 t_R，计算 t'_R 及 γ_{is} 值，然后与下表所列数据进行对照，以确定未知试样中所含各种组分的性质。

七、注意事项

(1) 有些物质在相同色谱条件下往往具有相近甚至相同的保留值，在此情况下可采用双柱法定性或改用高效色谱柱进行定性。

(2) 对较复杂的样品定性分析时，仅利用保留值方法定性十分困难且不可靠，应采用更为有效的方法进行定性分析，如采用 GC－MS、GC－IR 法等。

(3) 对没有已知标准样品作对照的分析对象，可借助于保留指数(Kovat 指数)的文献值进行定性分析。

本实验以甲苯为标准物质，利用保留值和相对保留值进行相关组分的定性分析。

八、思考题

(1) 利用保留值进行定性分析的依据是什么？

(2) 利用保留值进行定性分析必须严格控制色谱条件不变，为什么？

(3) 利用 γ_{is} 进行定性时应注意哪些实验环节？

实验 1-6　定量校正因子的测定

一、目的要求

（1）学习定量校正因子的测定方法；

（2）进一步熟悉仪器性能，熟练色谱仪的操作。

二、基本原理

气相色谱的主要用途之一就是对样品作定量分析，即用于求出混合物中各组分的相对含量。定量分析的依据是在一定色谱条件下，检测器对某一组分的响应信号（峰面积 A_i 或峰高 H_i）与该组分通过检测器的量（m_i）成正比关系，即：

$$m_i = f_i'^A A_i \quad 或 \quad m_i = f_i'' h_i$$

式中 $f_i'^A$、$f_i''^h$ 为比例常数，在定量分析中则称为被测组分 i 的绝对质量校正因子。显然要获得可靠的定量结果，必须准确测定响应信号和校正因子值。由于同一种检测器对同样量的不同物质有不同的响应值，这样就不能简单地用峰面积来直接计算物质的含量。为了使检测器产生的响应信号真实地反映出物质含量，需要对响应值进行校正，这就是校正因子的意义：

$$f_i'^A = m_i / A_i \quad 或 \quad f_i''^h m_i / h_i$$

上式表明，f_i' 就是单位峰面积（单位峰高）所代表的物质的质量。进样量确定后，它主要由仪器的灵敏度所决定。由于 f_i' 值与仪器操作条件关系密切而不易准确测定，因此，在色谱分析中常采用相对校正因子 f_i，即被测物质 i 与标准物质 s 的绝对校正因子的比值：

$$f_i^A = \frac{f_i'^A}{f_s'^A} = \frac{m_i / A_i}{m_s / A_s} = \frac{m_i A_s}{m_s A_i} \quad 或 \quad f_i^h = \frac{f_i''^h}{f_s''^h} = \frac{m_i / h_i}{m_s / h_s} = \frac{m_i h_s}{m_s h_i}$$

式中　$f_i'^A$、$f_i''^h$——组分 i 的峰面积和峰高绝对校正因子；

f_i^A、f_i^h——组分 i 的峰面积和峰高相对校正因子；

A_s、h_s——标准样品的峰面积和峰高；

m_i、m_s——待测组分 i 和基准组分 s 的进样量，可用 g、mol 或 mL 来表示。

根据待测组分和基准组分使用不同的计量单位，相对校正因子可分为质量校正因子、摩尔校正因子和体积校正因子等。

测定 f_i 时，先准确称取待测物质 i 和基准物质 s 的 m_i 和 m_s，二者混合后在一定的色谱条件下进行测定，得到相应的相应信号 $A_i(h_i)$ 和 $A_s(h_i)$，再按上式计算 f_i。

三、仪器与试剂

（1）气相色谱仪：任一型号；

（2）色谱柱：16% DNP/6201 红色载体 60 ~ 80 目；

（3）微量进样器：5μL；

（4）环己烷、苯、甲苯、乙苯、邻二甲苯：均为分析纯。

四、实验条件

（1）固定相：邻苯二甲酸二壬酯：6201 担体(15∶100)，60～80 目；

（2）流动相：氮气流量为 $15mL \cdot min^{-1}$(如以氢气为载气，则流量为 $40mL \cdot min^{-1}$)；

（3）柱温：110℃；

（4）汽化温度：150℃；

（5）检测器：热导池，检测温度 110℃；

（6）桥电流：110mA；

（7）衰减比：适当；

（8）进样量：0.5μL；

（9）记录仪：量程 5mV/25cm，纸速 $600mm \cdot h^{-1}$。

五、实验步骤

（1）称取环己烷 0.5g(精确至小数点后 3 位，下同)、苯 0.5g、甲苯 0.5g、乙苯 0.5g，各置于 50mL 容量瓶中，用邻二甲苯稀释至刻度，摇匀备用。

（2）根据实验条件，将色谱仪按操作步骤：

① 开启载气钢瓶调节减压阀输出压为 $2kgf \cdot cm^{-2}$，调节 GC 仪针形阀，使柱出口流量为 $20 \sim 25mL \cdot min^{-1}$。

② 开启 GC 仪电源，鼓风马达，温控电源，调节层析室温度为 80℃，气化室温度为 120℃，检测器温度为 100℃。

③ 温度平衡后，开启热导池电源，调节电源在 100mA，衰减置于适当位置。

④ 待气流和电路系统基本稳定后，开启记录仪，调节“零调”，使记录仪指针在“0”V 处。基线基本平直后即可进行分析。

（3）分别吸取混匀后试样 0.5μL 进样，得各组分的色谱图，重复三次。

六、数据处理

（1）记录实验条件：

① 色谱柱的柱长及内径；

② 固定相及固定液与担体配比；

③ 载气及其流量；

④ 柱前压力及柱温；

⑤ 检测器及其测量温度；

⑥ 桥电流；

⑦ 进样量；

⑧ 衰减比；

⑨ 记录仪量程及纸速。

（2）在各色谱图上准确测量峰高 h、半峰宽 $Y_{1/2}$，并计算峰面积 A_i，将相应数据列入下表，并以苯为基准样品，准确计算各组分的 f_i 值。

	h_i/mm				$Y_{1/2}$/mm				A/mm^2	m/g	$\frac{m_i}{m_s}$	$\frac{A_s}{A_i}$	f_i
	1	2	3	平均值	1	2	3	平均值					
环己烷													
苯													
甲苯													
乙苯													

七、注意事项

（1）在定量工作中都是用相对校正因子，即某物质与一标准物质的绝对校正因子之比值，平常所指及文献查得的校正因子都是相对校正因子，常用的标准物质，对热导池检测器是苯，对氢焰检测器是正庚烷。

（2）m_i、m_s用质量为单位时表示质量校正因子(f_W)、m_i、m_s用摩尔为单位时表示摩尔校正因子(f_m)，m_i、m_s用体积为单位时表示体积校正因子(f_V)。

八、思考题

（1）在色谱定量分析中，为什么要测定被测组分的相对校正因子?

（2）对于不同的检测器，某一组分的相对校正因子是否可通用?为什么?

（3）如何正确使用从色谱手册查到的相对校正因子?

实验1-7 一种有机溶剂的气相色谱分析
——校正面积归一化法定量

一、目的要求

(1) 进一步熟练掌握利用保留值及相对保留值进行定性的方法；
(2) 学习校正面积归一化法定量的基本原理及测定方法。

二、基本原理

校正面积归一化法是气相色谱定量中较简单且最常用的方法之一，使用校正面积归一化法定量有两个前提：即要求试样中的组分在所使用的色谱柱中能得到完全分离；分离后的组分在检测器上均能产生相应的响应信号，绘出其色谱峰。组分 i 物质的质量分数 W_i 的计算公式为：

$$W_i = \frac{m_i}{\sum_{i=1}^{n} m_i} \times 100\%$$

由于 $m_i = f'_i A_i$，即：

$$W_i = \frac{f'_i A_i}{\sum_{i=1}^{n} f_i A_i} \times 100\%$$

校正面积归一化法的优点是，操作计算简便，定量结果与进样量无关。本实验通过对一种常用的涂料用溶剂成分的分析，计算其各组分的百分含量。

三、仪器与试剂

(1) 气相色谱仪及其配套设施；
(2) 色谱柱：16% DNP/6201 红色载体，60～80 目；
(3) 微量进样器 5μL；
(4) 市售瓶装涂料用溶剂；
(5) 环己烷、苯、甲苯、乙苯、二甲苯。

四、实验条件

(1) 固定相：邻苯二甲酸二壬酯：6201 担体(15:100)，60～80 目；
(2) 流动相：氮气，流量为 15mL·min^{-1}(以氢气为载气，则流量为 40mL·min^{-1})；
(3) 柱温：110℃；
(4) 汽化温度：150℃；
(5) 检测器：热导池，检测温度 110℃；
(6) 桥电流：110mA；
(7) 衰减比：适当；
(8) 进样量：2μL；

（9）记录仪：量程 5mV/25cm，纸速 $600mm \cdot h^{-1}$。

五、实验步骤

（1）根据实验条件，将色谱仪开机调节至可进样状态。

① 开启载气钢瓶调节减压阀输出压为 $2kgf \cdot cm^{-2}$，调节 GC 仪针形阀，使柱出口流量为 $20 \sim 25mL \cdot min^{-1}$。

② 开启 GC 仪电源，鼓风马达，温控电源，调节层析室温度为 80℃，汽化室温度为 120℃，检测器温度为 100℃。

③ 温度平衡后，开启热导池电源，调节电源在 100mA，衰减置于适当位置。

④ 待气流和电路系统基本稳定后，开启记录仪，调节“零调”，使记录仪指针在“0”V 处。基线基本平直后即可进行分析。

（2）根据实验 1 ~5 的实验步骤，对市售涂料用溶剂进行定性分析(保留值定性或相对保留值定性)，确定该溶剂中各组分性质。

（3）根据实验 1 ~6 的实验步骤测定各组分的相对校正因子(以苯为基准物)

（4）吸取该溶剂 2μL 进样，记录该样品全谱，重复进样三次。

六、数据处理

（1）记录实验条件：

① 色谱柱的柱长及内径；

② 固定相及固定液与担体配比；

③ 载气及其流量；

④ 柱前压力及柱温；

⑤ 检测器及其测量温度；

⑥ 桥电流；

⑦ 进样量；

⑧ 衰减比；

⑨ 记录仪量程及纸速。

（2）测量该溶剂色谱图上各组分的峰高 h 及半峰宽 $Y_{1/2}$，且计算各组分的百分含量列于下表：

	h_i				$Y_{1/2}$				f'_i	W_i
	1	2	3	平均值	1	2	3	平均值		
环己烷										
苯										
甲苯										
乙苯										
二甲苯										

七、注意事项

（1）先通载气，在确保载气通过热导检测器后，再打开热导桥电流。

（2）峰面积归一化法定量，进样量不太准确不影响结果准确性，但不能相差太多，以免影响色谱峰的分离度。

八、思考题

（1）使用校正面积归一化法进行色谱定量分析必须具备什么条件？

（2）能否直接到色谱手册中查阅f_i值进行定量计算？

第 2 章　高效液相色谱法

高效液相色谱还可称为高压液相色谱、高速液相色谱、高分离度液相色谱或现代液相色谱。与气相色谱法比较，液相色谱法不受试样挥发度和热稳定性的限制，非常适合于分离生物大分子、离子型化合物、不稳定的天然产物以及其他各种高分子化合物等。此外，液相色谱中的流动相不仅起到使试样沿色谱柱移动的作用，而且与固定相一样，与试样发生选择性的相互作用，这就为控制、改善分离条件提供了一个额外的可调因素。高效液相色谱法包括四种类型：分配色谱、吸附色谱(又称液固色谱)、离子交换色谱、尺寸排斥色谱(又称凝胶色谱)，从应用的角度而言，这四种方法实际上是相互补充的，如图 2－1 所示。对于分离相对分子质量大于 10000 的物质来说，虽然现已有可能用反相分配色谱，但目前仍主要使用尺寸排斥色谱；对于低相对分子质量的离子化合物的分离则广泛选用离子交换色谱；对那些极性小的非离子化合物最适宜用分配色谱，同时也可用分配色谱来分离同系物；吸附色谱最适宜分离非极性物质、结构异构，以及从脂肪醇中分离脂肪族碳氢化合物等。

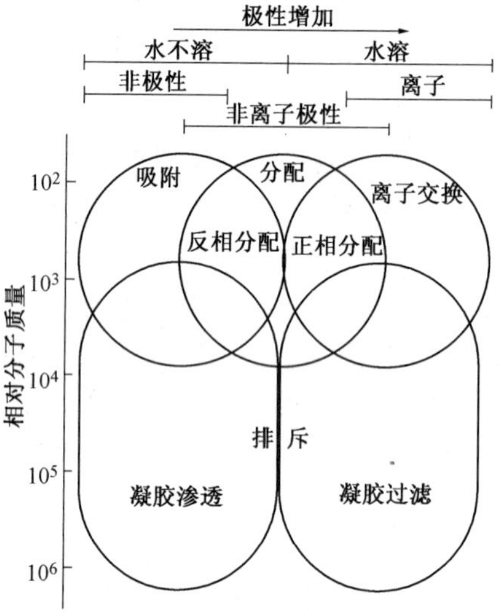

图 2－1　几种液相色谱的应用

高效液相色谱的定性和定量分析，与气相色谱分析相似。在定性分析中，采用保留值定性，或与其他定性能力强的仪器分析法联用，如与质谱法、红外吸收光谱法等联用。在定量分析中，采用测量峰面积的归一化法、内标法或外标法等，但高效液相色谱在分离复杂组分试样时，有些组分常不能出峰，因此归一化法定量受到限制，而内标法定量则被广泛使用。高效液相色谱法具有一个存储大量 HPLC 分析方法专门知识和实践经验相结合的计算机程序的专家系统。它是把人工智能的研究方法和化学计量学中的一些数学算法相结合而发展起来的，专家系统设计通常包括知识库、谱图库、数据库、推理机和人机对话界面五个部分。

（1）样品分离模式的推荐，即首先选择用于分离的柱系统和流动相系统；

（2）样品的预处理方法和检测器的选择；

（3）色谱分离条件的最优化；

(4) 在线色谱峰的定性和定量分析；

(5) 液相色谱仪和专家系统运行过程的自行诊断。

由此可见，专家系统中的知识库、谱图库、数据库中的信息储存容量和推理机的人工智能化程度，直接决定了专家系统的工作质量。

高效液相色谱专家系统的构成与用户使用过程的关联如图 2－2 所示。

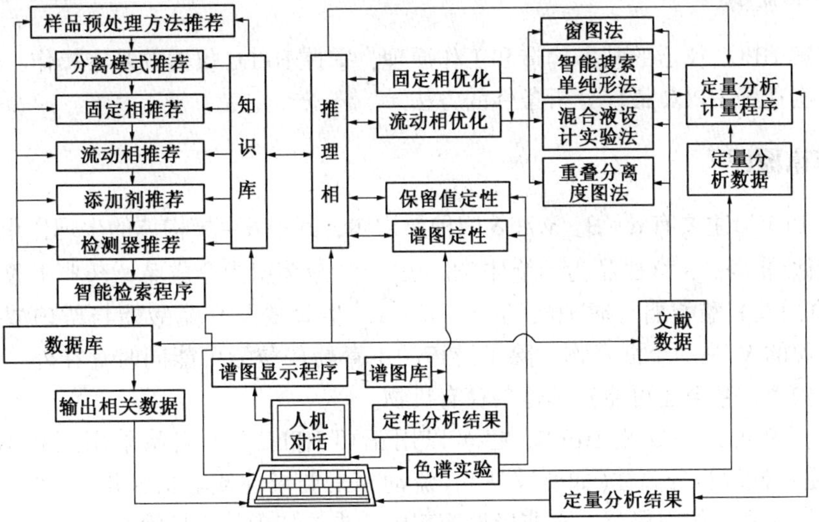

图 2－2　高效液相色谱专家系统的构成与用户使用过程的关联图

实验2-1 混合维生素E的正相HPLC分析条件的选择

一、目的要求

（1）了解HPLC仪器的基本构造和工作原理，掌握HPLC仪器的基本操作；

（2）学会选择HPLC最佳分析条件的方法。

二、基本原理

维生素E(V_E)主要有α、β、γ和δ四种异构体，其中α-异构体的生理作用最强。其天然品为右旋体(d-α)，合成品为消旋体(dl-α)，一般药用为合成品。药典中收载为维生素E、dl-生育酚及其醋酸酯与琥珀酸钙盐、dl-α-生育酚及其醋酸酯与琥珀酸酯。也就是说，通常所说的V_E是一个混合物，除了游离的生育酚羧酸酯可能同时存在外，也可能共存多种结构异构体，甚至还可能有其他共存有机物。

V_E的分离既可以用反相HPLC，也可以用正相HPLC。本实验采用正相HPLC。正相HPLC用的是极性填料分离柱(如硅胶柱)，流动相是弱极性或非极性溶剂(如正己烷)，样品因吸附作用在固定相中保留。在非极性溶剂中适当添加少量极性溶剂可以得到任意所需极性的流动相。色谱分析条件主要包括色谱柱、流动相组成与流速、色谱柱温度、检测波长等。通过实验主要了解流动相中添加极性溶剂对样品的保留和分离的影响，基本目标是将α-V_E与其他成分分离。

三、仪器与试剂

（1）仪器：PE200型高效液相色谱仪或其他型号液相色谱仪(普通配置，带紫外检测器)；TC4色谱数据工作站；色谱柱：硅胶柱MicropakSi-5(4mmi. d. ×150mm)；100μL平头微量注射器；超声波清洗器；流动相过滤器；无油真空泵；50mL烧杯2个；50mL容量瓶3个；250mL容量瓶1个；5mL移液管2支；500mL试剂瓶1只；10mL、5mL、1mL移液管各一支。

（2）试剂：异丙醇、正己烷和无水乙醇(纯度均为HPLC级)；α-V_E标准样品；混合维生素E；蒸馏水(蒸馏水均为二次蒸馏水，以下不另加说明)。

四、实验步骤

1. 准备工作

（1）流动相的预处理：取HPLC级异丙醇200mL、正己烷1000mL，用0.45μm的有机滤膜过滤后，装入流动相储液器内，用超声波清洗器脱气10~20min。

注意！脱气时储液器底部要用橡皮垫圈。

（2）试样和标样的预处理：

取HPLC级无水乙醇500mL，用0.45μm的有机滤膜过滤后，置于试剂瓶中备用。取市售蒸馏水1瓶，用水相滤膜过滤后，置于原瓶中，备用。

① 混合维生素E试样配制：称取混合维生素E试样200~300mg(准确至0.1mg)于一

50mL 干燥洁净的烧杯中，用处理过的无水乙醇溶液溶解并定容至 50mL 的容量瓶中，此为试样的储备液。移取 5mL 试样储备液于另一 50mL 容量瓶中，用处理过的无水乙醇定容，配制成试样溶液。

② $\alpha-V_E$标准溶液的配制：称取 $\alpha-V_E$标准样品 250mg(准确至 0.1mg)于一 50mL 干燥洁净的烧杯中，用处理过的无水乙醇溶液溶解并定容至 250mL 的容量瓶中，此为标样储备溶液。移取 5mL 标样储备溶液于另一 50mL 容量瓶中，用处理过的无水乙醇定容，配制成 $\alpha-V_E$标准溶液。

(3) 高效液相色谱仪的开机：

① 按仪器说明书依次打开高压输液泵、紫外检测器、智能型接口电源。

② 打开色谱工作站，建立一个运行方法，运行时间设置为 30min，纵坐标满量程设置为 500mV，同时建立一个序列方法(序列数以当日要做实验的数目为准)。

③ 设定流动相流速为 $1.0mL \cdot min^{-1}$，色谱柱柱温为 30℃，检测波长 292nm。

注意！弄清仪器前次实验所用的流动相，如果是用含水的流动相作过反相色谱，则应先将反相柱卸下(应用专门的柱塞封好柱两端)，依次用无水甲醇、正己烷作流动相运行 15 ~ 20min，洗净流路中水。进样器也要进行同样的清洗(以无水甲醇和正己烷为样品依次各注入 3 ~ 5 次)。

④ 装上本次实验所用的硅胶柱 Micropak Si－5(4mmi. d. ×150mm)；先用纯的正己烷作流动相，打开输液泵旁路开关，排出流路中的气泡。排气完毕后，按"stop"键将泵停止，确认流速设定值是否正确($1.0mL \cdot min^{-1}$)，然后再按"start"按钮启动输液泵。

2. 流动相为 100% 正己烷时试样和标样的分析

(1)混合 V_E试样溶液测定：

① 进样：待基线稳定后，用 100μL 平头微量注射器取试样溶液 25μL，将进行阀柄置于"load"位置时注入样品，在泵、检测器、接口、工作站均"Ready"的状态下将阀柄转至"Inject"位置，仪器自动采样。

注意！平头微量注射器用蒸馏水或溶剂清洗三次后再用样品溶液清洗三次，并注意不要吸入气泡。

② 数据采集：从计算机的显示屏上即可看到样品的流出过程和分离状况。待所有的色谱峰流出完毕后，按"stop"键停止分析(运行时间结束后，仪器也会自动停止采样)，记录好样品名对应的文件名。

③ 谱图优化(所谓谱图优化是指调整基线、噪声、采样速率以及积分参数等)：从工作站中调出原始谱图，对谱图进行优化处理后，打印出色谱图和分析结果。

(2) $\alpha-V_E$标准溶液的测定：

用 100μL 平头微量注射器吸取 $\alpha-V_E$标准溶液 25μL，按混合试样的测定方法进行分析测定，记录好样品名对应的文件名，同时打印出色谱图和分析结果。

3. 流动相为正己烷: 异丙醇(体积比 99:1)混合溶剂时试样和标样的分析

将流动相换成正己烷: 异丙醇(体积比 99:1)混合溶剂，待基线稳定后，按混合试样的测定方法对混合 V_E试样和 $\alpha-V_E$标样进行分析测定，并记录好样品名对应的文件名，同时打印出色谱图和分析结果。

4. 流动相为正己烷: 异丙醇(体积比为 95:5)混合溶剂时试样和标样的分析

将流动相换成正己烷: 异丙醇(体积比为 95:5)混合溶剂，待基线稳定后，按混合试样的

测定方法对混合 V_E试样和 $\alpha - V_E$标样进行分析测定，并记录好样品名对应的文件名，同时打印出色谱图和分析结果。

5. 结束工作

（1）关机：

① 所有样品分析完毕后，让流动相继续流动 10 ~ 20min，以免色谱柱上残留样品中强吸附的杂质；

② 关闭色谱数据工作站；

③ 关闭接口、检测器电源；

④ 从泵和系统中除去有害的流动相；

⑤ 根据色谱柱说明书上的指导清洗柱子；

⑥ 用水冲洗系统中缓冲液盐类，以免溶剂蒸发留下盐结晶等有害沉淀；

⑦ 从系统中除去氯仿及其配成的溶液，以免在系统中分解，形成盐酸；

⑧ 除去有害流动相后，用异丙醇冲洗泵及系统；

注意！溶剂在环境中暴露 24h 以上，必须在使用前再过滤或弃去，以免污染泵。

⑨ 周末停用仪器，可用 60∶40 的甲醇：水溶液冲洗泵、柱子和流动池(柱子要和甲醇：水兼容)；

⑩ 关泵。

（2）清理台面，填写仪器使用记录。

五、数据处理

根据三次试验结果确定 $\alpha - V_E$与其他成分分离的最佳环己烷/异丙醇配比。

六、注意事项

（1）各实验室的仪器设备不可能完全一样，操作时一定要参照仪器的操作规程及老师的指导。

（2）用平头微量注射器吸液时，防止气泡吸入的方法是：将擦干净并用样品清洗过的注射器插入样品液面以下，反复提拉数次，驱除气泡，然后缓慢提升针芯到刻度。

（3）色谱柱的个体差异很大，即使是同一厂家的同种型号的色谱柱，性能也会有差异。因此，色谱条件(主要是指流动相的配比)应根据所用色谱柱的实际情况作适当调整。

（4）如果仪器长期停用，完成实验后还应卸下色谱柱，将色谱柱两头的螺帽套紧，先用水再用异丙醇冲洗泵，确保泵头内灌满异丙醇；从系统中拆下泵的输出管，套上管套；从溶剂储液器中取出溶剂入口过滤器放入干净袋中；妥善保存好泵。

七、思考题

（1）假设用硅胶柱和环己烷流动相分离几个组分时，分离度很高，但分析时间太长(后面的组分保留值太大)，用什么方法可以在保证相互分离的前提下，使分析时间缩短？说明理由。

（2）如果压力指示值突然降低或升高，主要原因和对策是什么？

实验2-2 果汁(苹果汁)中有机酸的高效液相色谱分析——外标法定量

一、目的要求

(1) 学习果汁样品的预处理和分析方法;

(2) 掌握外标法定量，理解反相 HPLC 的原理和应用。

二、基本原理

在食品中，主要的有机酸是乙酸、乳酸、丁二酸、苹果酸、柠檬酸、酒石酸等。这些有机酸在水溶液中都有较大的离解度。有机酸在波长 210nm 附近有较强的吸收。苹果汁中的有机酸主要是苹果酸和柠檬酸，可以用反相高效液相色谱、离子交换色谱、离子排斥色谱等方法分析，本实验采用反相高效液相色谱法。在酸性(如 pH 值为 2 ~5)流动相条件下，上述有机酸的离解得到抑制，利用分子状态的有机酸的疏水性，使其在 ODS 色谱柱中保留。不同有机酸的疏水性不同，疏水性大的有机酸在固定相中保留强，疏水性小的有机酸在固定相中保留弱，依次得到分离。

三、仪器与试剂

(1) 仪器：PE200 型高效液相色谱仪或其他型号液相色谱仪(普通配置，带紫外检测器)；TC4 色谱数据工作站或其他色谱工作站；色谱柱：PE Brownlee C_{18}反相键合相色谱柱(5μm，4.6mmi.d. ×150mm)；25μL 平头微量注射器；超声波清洗器；流动相过滤器；无油真空泵；50mL 烧杯；250mL 容量瓶；50mL 容量瓶；50mL 移液管。

(2) 试剂：苹果酸和柠檬酸标准溶液；优级纯磷酸二氢铵；蒸馏水；市售苹果汁。

四、实验步骤

1. 准备工作

(1) 流动相的预处理：

称取优级纯磷酸二氢铵 460mg(准确称至 0.1mg)于一 50mL 洁净小烧杯中，用蒸馏水溶解，定量移入 1000mL 容量瓶，并稀释至刻度(此溶液浓度为 $4mmol \cdot L^{-1}$)。用 0.45μm 水相滤膜减压过滤，脱气。

取二次蒸馏水 1000mL，按 2 -1 实验步骤中流动相的预处理方法进行预处理。

(2) 标准溶液的配制：

① 标准储备液的配制：称取优级纯苹果酸和柠檬酸 250mg 于 50mL 干净小烧杯中(二份)，用蒸馏水溶解，分别定量移入两个 250mL 容量瓶，并稀释至刻度。此即为苹果酸和柠檬酸的标准储备液。

② 混合标准溶液的配制：分别移取苹果酸和柠檬酸的标准储备液各 5mL 于容量瓶，定容、摇匀，此为苹果酸和柠檬酸的混合标准溶液，其中苹果酸和柠檬酸的浓度均为 $100mg \cdot L^{-1}$。

(3) 试样的预处理：

市售苹果汁用 0.45μm 水相滤膜减压过滤后，置于冰箱中冷藏保存。

（4）色谱柱的安装和流动相的更换：

将 PEBrownlee C_{18}色谱柱（5μm，4.6mmi.d. ×150mm）安装在色谱仪上，将流动相更换成已处理过的 4mmol · L^{-1}磷酸二氢铵溶液。

（5）高效液相色谱仪的开机：

开机，将仪器调试到正常工作状态，流动相流速设置为 1.0mL · min^{-1}；柱温 30 ~ 40℃；紫外检测波长 210nm。

2. 苹果酸、柠檬酸标准溶液的分析测定

基线稳定后，用 25μL 平头微量注射器分别进样苹果酸和柠檬酸的标准各 20μL，记录下样品名对应的文件名，并打印出优化处理后的色谱图和分析结果。

3. 苹果汁样品的分析测定

重复注射苹果汁样品 20μL 三次，结束后分别记录下样品名对应的文件名，并打印出优化处理后的色谱图和分析结果。

将苹果汁样品的分离谱图与苹果汁和柠檬酸的标准溶液色谱图比较即可确认苹果汁中苹果酸和柠檬酸的峰位置。

注意！如果苹果酸和柠檬酸与邻近峰分离不完全，应适当调整流动相配比和流速，再重复 2、3 的步骤。

4. 混合标准溶液的分析测定

进样 100mg · L^{-1}苹果酸和柠檬酸混合标准溶液 20μL，分析完毕后，记录好样品名对应的文件名，并打印出优化处理后的色谱图和分析结果。

5. 结束工作

（1）关机，所有样品分析完毕后，按正常的步骤关机；

（2）清理台面，填写仪器使用记录。

五、数据处理

参照下表整理出苹果汁中苹果酸和柠檬酸的分析结果。

成　分	测定次数	保留时间/min	各次测定值/mg · L^{-1}	平均值/mg · L^{-1}
苹果酸	1			
	2			
	3			
柠檬酸	1			
	2			
	3			

六、注意事项

（1）各实验室的仪器不可能完全一样，操作时一定要参照仪器的操作规程。

（2）色谱柱的个体差异大，即使是同一厂家的同型号色谱柱，性能也会有差异，因此色谱条件应根据所用色谱柱的实际情况作适当的调整。

七、思考题

(1) 假设用50%的甲醇或乙醇作流动相，你认为有机酸的保留值是变大还是变小，分离效果好还是坏？说明理由。

(2) 如果用酒石酸作内标定量苹果酸和柠檬酸，对酒石酸有什么要求？写出该内标法的操作步骤和分析结果的计算方法。

实验2－3　高效液相色谱法测定饮料中防腐剂苯甲酸

一、目的要求

（1）熟悉 HPLC 仪器的使用方法；

（2）学习借保留值定性分析的方法；

（3）在熟悉色谱原理的基础上，掌握定性和定量的基本方法；

（4）熟悉液相色谱中样品前处理的基本方法。

二、基本原理

在一定的色谱条件下，各组分都有其特定的保留值。因此它可以作为定性鉴定的依据。通常在相同的色谱条件下，用标准样品作对照，根据同一样品在相同的色谱条件下保留值一致的原则进行定性分析。

由于仪器性能的局限性，必须多次改变实验条件，当被测组分和标准样品仍具有相同保留值的情况下，才可视为同一组分。

苯甲酸作为一种防腐剂、抗微生物剂广泛应用于食品工业中，对酵母、霉菌和细菌都有抑制作用，能延长食品保存时间，广泛应用于碳酸和果汁饮料、果酒、果冻、糕点、酱油、食醋和调味料等中。乱用和超标使用防腐剂可能造成危害。此时，防腐剂的质量控制就变得尤为重要。高效液相色谱法是饮料中防腐剂测定的常用方法。

色谱定量分析的依据是被测物质的量与它在色谱图上的峰面积(或峰高)成正比。数据处理软件可以给出包括峰高和峰面积在内的多种色谱数据。因为峰高比峰面积更容易受分析条件波动的影响，且峰高标准曲线的线性范围也较峰面积的窄，因此，通常情况是采用峰面积进行定量分析。

标准曲线法(外标法)：将被测组分的标准物质配制成不同浓度的标准溶液，经色谱分析后制作一条标准曲线，即物质浓度与其峰面积的关系曲线。根据样品中待测组分的色谱峰面积，从标准曲线上查得相应的浓度。

三、仪器与试剂

（1）仪器：PE200 型高效液相色谱仪或其他型号液相色谱仪(普通配置，带紫外检测器)；TC4 色谱数据工作站或其他色谱工作站；色谱柱：PE Brownlee C_{18}反相键合相色谱柱(5μm，4.6mmi.d. ×150mm)；10μL 平头微量注射器。

（2）试剂：七喜饮料，苯甲酸。

四、色谱条件

（1）固定相：Waters partisil C_{18}(150mm × 5mm 10μm)；

（2）移动相：甲醇∶磷酸二氢钠(0.001mol · L^{-1}；pH 值为6)＝10∶90(体积比)；

（3）检测波长：230nm；

（4）流速：1.0mL · min^{-1}；

(5) 进样量：10μL。

本实验均在室温下完成。

五、实验步骤

1. 流动相的配制

将磷酸二氢钠配制成浓度为 0.001mol · L^{-1}的缓冲溶液，把甲醇和缓冲溶液分别按 15∶85、10∶90、5∶95 体积比配制成实验所需流动相，然后由 0.45μm 孔径的合成纤维脂膜进行真空过滤，脱气。

2. 标准溶液配制

准确称取苯甲酸 11mg 于 10mL 容量瓶中，用二次蒸馏水定容，摇匀，各移取该标准溶液 0.5mL、1.0mL、1.5mL、2.0mL、2.5mL 于 10mL 容量瓶，稀释至刻度，得到五种不同浓度的标准溶液。

3. 样品的前处理

移取七喜样品 5mL 置于 50mL 容量瓶中，加入氢氧化钠(1.0mol · L^{-1})1mL，再加乙酸锌溶液(200g · L^{-1})、亚铁氰化钾(100g · L^{-1})各 5mL，用二次蒸馏水定容、混匀，放置 20min，用双层滤纸过滤后，离心，待测。

4. 高效液相色谱定性鉴定

(1) 接通电源开关，打开检测器，启动高压泵，待稳定后，打开 Waters 的 Breeze 软件。

(2) 用微量注射器注入样品溶液 10μL 于进样器，待移动相平衡后进样，得到色谱图，进行数据处理，在色谱图上分别标记出峰时间。

(3) 注入 10μL 标准样品溶液于进样器，在相同的色谱条件下分析，记录组分的出峰时间。

(4) 将样品溶液各峰的保留时间与标准样品的保留时间作对比，找出被定性的色谱峰。

5. 高效液相色谱定量测定

(1) 绘制标准曲线：分别用不同浓度的标准溶液进样，每次进样 10μL，重复进样三次，以主峰面积对其浓度进行线性回归，求得回归方程。

(2) 样品测定：准确移取不同批号样品，按样品溶液制备方法制备，在上述色谱条件下，用外标法进行测定(重复三次)，求得样品浓度，计算平均值和相对标准偏差。

六、注意事项

(1) 每次进样前，注射器及进样器必须清洗干净。

(2) 苯甲酸标准样品必须准确称量，用容量瓶准确定容，摇匀。

(3) 分析结果的准确性，取决于进样量的重复性和操作条件的稳定性，在实验中应严格控制条件。

七、思考题

(1) 利用高效液相色谱定性的方法有哪几种？分别在什么情况下适用？

(2) 本实验的色谱原理属于哪一类？

(3) 用液相色谱进行定量分析时，在实验操作中与定性分析相比，必须注意哪些问题？

(4) 除外标法，液相色谱中还可以采用什么方法进行定量分析？

(5) 外标法定量分析具有哪些优缺点？

(6) 外标法定量分析必须注意哪些问题才能得到准确的结果？

实验 2-4　流动相极性变化对溶质保留值的影响

一、目的要求

（1）了解溶质组分结构、流动相的溶剂强度对溶质保留大小的影响；
（2）了解如何通过调节流动相的组成得到合适的 k' 及最佳分离条件。

二、基本原理

反相色谱的分离是以溶质疏水结构的差异为基础的。溶质极性越大，保留值越小。移动相组成对样品的保留有很大的影响，当移动相极性降低时，溶剂强度增大，溶质保留值减小；当移动相极性增大时，溶剂强度减小，溶质保留值增大。调节移动相的极性强度可以得到合适的 k' 值和较好的分离条件。

三、仪器与试剂

（1）仪器：PE200 型高效液相色谱仪或其他型号液相色谱仪（普通配置，带紫外检测器）；TC4 色谱数据工作站或其他色谱工作站；色谱柱：PE Brownlee C_{18} 反相键合相色谱柱（5μm，4.6mmi. d. ×150mm）；10μL 平头微量注射器。
（2）试剂：苯；联苯。

四、色谱条件

（1）固定相：YWG－C18（180mm ×5mm 10μm）；
（2）流动相：
① 甲醇∶水（80∶20）；
② 甲醇∶水（70∶30）；
③ 甲醇∶水（60∶40）；
（3）流速：1.0mL · min^{-1}；
（4）检测器：UV－254。

五、实验步骤

（1）开动仪器：插上电源，开稳压器。当稳定至 220V 时，打开泵、检测器。当检测器显示正确的波长时，打开电脑主机及显示器，最后打开 Breeze 软件，待系统稳定后，使流动相流量调至一定数值。
（2）用甲醇∶水为 80∶20 的溶液冲洗至平衡后，注入 10μL 样品溶液，记录色谱图。
（3）改用甲醇∶水为 60∶40 的溶液作流动相，平衡后注入样品溶液，记录色谱图。
（4）改用甲醇∶水为 70∶30 的溶液作流动相，平衡后注入样品溶液，记录色谱图。

六、数据处理

根据上述实验结果，计算三种流动相组成条件下，各峰的 k' 值，并将结果填入下表：

流动相 甲醇: 水	苯			联苯		
80:20						
60:40						
70:30						

七、注意事项

（1）当更换移动相时，必须等流量和泵压力完全为0时才能更换。

（2）新换上的移动相必须冲洗柱30min以上，待基线稳定后，才能进样。

八、思考题

（1）在反相色谱中，苯、联苯的洗脱次序如何？

（2）在反相柱上分离三个相邻的同系物，如未达到完全分离，应如何选择实验条件来实现完全分离？

（3）在本实验中，应选用哪种移动相来实现最佳分离？

第3章 电位与电导分析法

电位分析法分为电位法和电位滴定法两种。电位法是根据测量到的某一电极的电极电位，从能斯特公式直接求得待测物质的浓(活)度。例如，用电位法测量溶液的 pH 值和用离子选择电极来指示待测离子的浓(活)度等。电位滴定法则是一种用电极电位的突变代替指示剂颜色的改变来确定滴定终点的方法。

在电位分析中，构成电池的两个电极，其中的一个为指示电极，其电极电位随待测离子浓度的变化而变化；另一个电极为参比电极，其电位不受试液组成变化的影响。将指示电极和参比电极一起浸入试液，组成电池体系，如图 3－1、图 3－2 所示。用高输入阻抗测试仪表如 pH/mV 计、离子计等，在通过电路中的电流接近于零的条件下测量指示电极的平衡电位，从而求得待测离子的浓度或活度。平衡电位是指在被测量的电化学体系中没有电流通过，即净电流为零时的电极电位。

理想的指示电极应该能够快速、稳定地响应被测定离子，并且有很好的重现性。指示电极种类较多，一般可以分为基于电子交换的金属基指示电极和基于离子交换的膜电极，即各种离子选择电极。

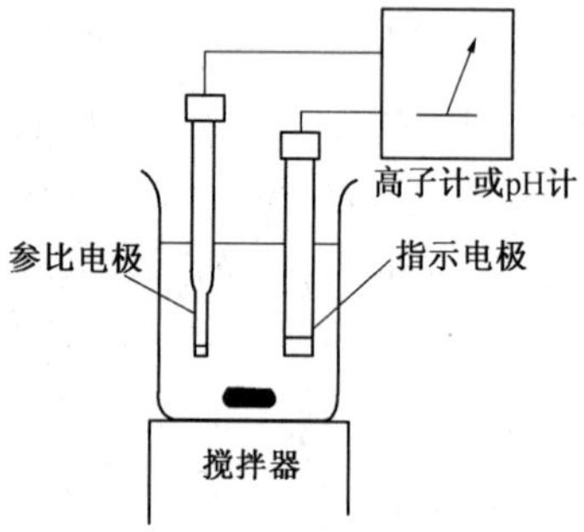

图 3－1 直接电位法示意图

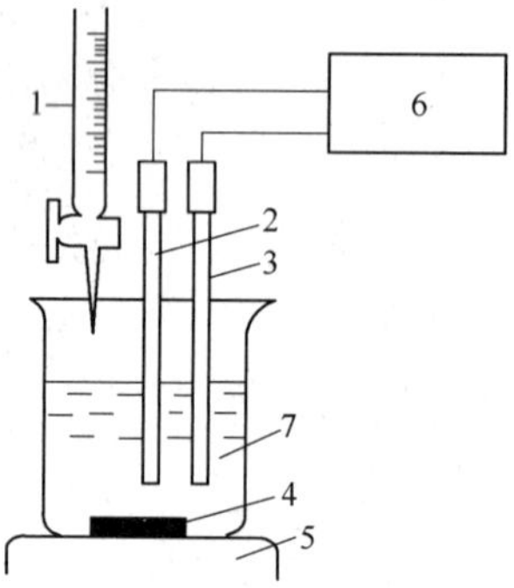

图 3－2 电位滴定法示意图

1—滴定管；2—指示电极；3—参比电极；
4—铁芯搅拌棒；5—电磁搅拌器；
6—高阻抗毫伏计；7—试液

实验3－1　氟离子选择性电极测定水中氟离子含量

一、目的要求

(1) 了解氟离子选择电极的构造及使用；

(2) 掌握标准曲线法和标准加入法测定氟含量的原理；

(3) 了解离子分析仪的操作使用。

二、基本原理

氟离子选择性电极的敏感膜由 LaF_3 单晶膜(掺有少量 EuF_2，增强导电)制成，电极管内装入 0.1mol·L^{-1} NaF 和 0.1mol·L^{-1} NaCl 混合溶液作为内参比溶液，以 Ag－AgCl 作内参比电极。结构如图 3－3 所示。电极电位(25℃)为：

$$\varphi = K - 0.0592\lg a_{F^-}$$

测量电池为：氟离子选择电极 | 试液($C = X$) ‖ SCE(饱和甘汞电极)

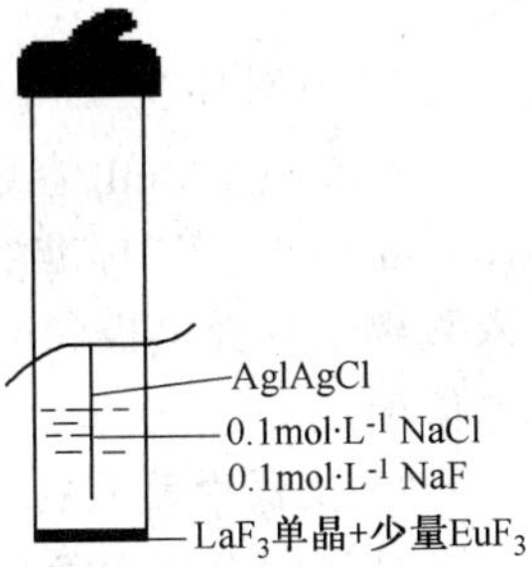

图3－3　氟离子选择电极

测定时以 TISAB(此种调节剂的组成为：氯化钠、醋酸、醋酸钠，柠檬酸钠)维持溶液的总离子强度恒定，并控制 pH = 5.0 ~ 5.5，则在 $C_F = 10^0 \sim 10^{-6}$mol·L^{-1}范围内可用标准曲线或标准加入法测定水中 F^- 含量。

标准曲线法：配制一系列标准溶液，分别测其电位值，以电位值对 lg$C$ 作图，然后由测得的未知溶液的电位值 φ_x，在标准曲线上查得其浓度。

标准加入法：首先测量体积为 V_x、浓度为 C_x 的被测离子溶液的电位值 φ_x，若为一价阳离子：

$$\varphi_x = K + S\lg a_x = K + S\lg f_x C_x$$

接着在试液中加入体积为 V_s 浓度为 C_x 的被测离子的标准溶液，并测量其电位值 φ_1：

$$\varphi_1 = K + S\lg f'_x \frac{V_s C_s + V_x C_x}{V_s V_x}$$

假定 $f_x \approx f'_x$、$V_x \gg V_s$(通常为 100 倍)，V_s 可以忽略，则合并以上两式并整理得：

$$C_x = \frac{V_s c_s}{(V_x + V_s)10^{\Delta\Phi/S} - V_x}$$

若 $V_x \gg V_s$(通常为 100 倍)，V_s 可忽略，则：

$$C_x = \frac{V_s c_s}{V_x(10^{\Delta\Phi/S} - 1)} = \frac{\Delta c}{10^{\Delta\Phi/S} - 1}$$

式中，$\Delta C = \frac{V_s C_s}{V_x}$，$\Delta\varphi$ 为两次测得的电位值之差；S 为电极的实际斜率，可从标准曲线上求出。

三、仪器与试剂

(1) 离子计；磁力搅拌器；电极氟离子选择电极和饱和甘汞电极。

(2) 0.100mol · $L^{-1}F^-$标准储备液：准确称取 NaF(120℃干燥 2h)4.199g 于小烧杯中，用水溶解后，转移至 1000mL 容量瓶中，用蒸馏水稀释至刻度，摇匀。然后储存于洗净、干燥的聚乙烯瓶中待用。

总离子强度调节缓冲液(TISAB)：称取氯化钠 58g、柠檬酸钠 10g，溶于 800mL 蒸馏水中，再加入冰醋酸 57mL，搅拌至溶解。用 40% NaOH 溶液调节到 pH 值为 5.0~5.5(用 pH 计控制)，然后稀释至 1L。

四、实验步骤

1. 氟离子选择电极的准备

将氟离子选择电极浸泡在 1×10^{-4}mol · $L^{-1}F^-$溶液中约 30min，然后用蒸馏水清洗数次直至测得的电位值约为 -300mV(此值各支电极不同)。若氟离子选择电极暂不使用，宜于干放。

2. 绘制标准曲线

在 5 只 100mL 容量瓶中分别配制内含 10mL 离子强度调节剂的 1.000×10^{-4} ~ 1.000×10^{-2}mol · $L^{-1}F^-$标准溶液，将适量标准溶液(浸没电极即可)分别倒入 5 只塑料烧杯中，插入氟离子选择电极和饱和甘汞电极，连接线路，放入搅拌子，由稀至浓分别测量标准溶液的电位值。

3. 试样中氟的测定

试样用自来水或牙膏。若用牙膏，用小烧杯准确称取约 1g 牙膏，然后加水溶解，加入 10mLTISAB。煮沸 2min，冷却并转移至 100mL 容量瓶中，用蒸馏水稀释至刻度，待用。

若用自来水，可直接在实验室取样。

(1) 标准曲线法：准确移取自来水样 50mL 于 100mL 容量瓶中，加入 10mLTISAB，用蒸馏水稀释至刻度，摇匀。然后全部倒入一烘干的塑料烧杯中，插入电极，连接线路，在搅拌条件下待电位稳定后读取电位值 φ_x(此溶液别倒掉，留作下步实验用)。

(2) 标准加入法：在实验(1)测得的电位值 φ_x后，准确加入 1.000×10^{-4}mol · $L^{-1}F^-$标准溶液 1mL，测定电位值 φ_1(若读得的电位值变化 $\Delta\varphi$ 小于 20mV，应使用 1.000×10^{-3}mol · L^{-1} F^-标准溶液，此时实验需要重新开始)。

(3) 空白实验：以蒸馏水代替试样，重复上述测定。

牙膏试样同样可按上述方式测定。

五、结果处理

(1) 以 φ 对 $\lg C_{F^-}$ 作图，绘制标准曲线，从标准曲线上求该氟离子选择电极的实际斜率和线性范围，并由 φ_x值求试样中 F^-的浓度。

(2) 根据标准加入法公式，求试样中 F^-的浓度：

$$C_x = \frac{\Delta c}{10^{\Delta\Phi/S} - 1} \times 2$$

$$\Delta C = \frac{V_s C_s}{100}$$

六、注意事项

(1) 氟电极在使用前，宜在去离子水中浸泡活化数小时，使其空白电位在 -300mV

以下。

（2）测量时浓度应由稀至浓，避免氟离子选择性电极的滞后效应。每次测定后用被测试液清洗电极、烧杯以及搅拌子，并用滤纸吸干电极上的水分。

（3）绘制标准曲线时，测定一系列标准溶液后，应将电极清洗至原空白电位值，然后再测定未知试液的电位值。

（4）电极不宜在浓溶液中长时间浸泡；每次使用完毕后，应将它清洗至空白电位值方能存放。否则因电极膜钝化而影响检测下限。

（5）测定过程中搅拌溶液的速度应恒定，读取电位的时间应一致。

七、思考题

（1）写出离子选择电极的电极电位完整表达式。

（2）为什么要加入离子强度调节剂？它由哪些物质组成？

（3）试比较标准曲线法、标准加入法测得的 F^- 浓度有何不同？如有，说明其原因。

实验3－2　电位法沉淀滴定测定水中氯离子

一、目的要求

掌握电位法沉淀滴定的基本原理和实验方法，并进行自来水中氯离子含量的测定。

二、基本原理

电位滴定法是一种用电位法确定终点的滴定方法。进行电位滴定时，在待测液中插入一支指示电极，并与一支参比电极组成一个工作电池。随着滴定剂的加入，由于发生化学反应，待测离子或与有关的离子浓度不断变化，指示电极电位也发生相应的变化。而在等当点附近发生电位的突跃。因此测定电池电动势的变化，就能确定滴定终点。

用电位滴定法测定氯离子时，通常采用 $AgNO_3$ 为滴定剂，指示电极为银电极，参比电极为带硝酸钾盐桥的饱和甘汞电极，滴定反应如下：

$$Ag^+ + Cl^- \longrightarrow AgCl\downarrow$$

滴定过程中，电池的电动势可以根据能斯特方程式计算。由于银电极的电位与银离子浓度有关，在25℃时为：

$$E_{Ag^+/Ag} = E^0 + 0.059\lg[Ag^+]$$

随着滴定的进行，银离子浓度逐渐改变，原电池的电动势也随之变化。

滴定终点可由电位滴定曲线（指示电极电位或该原电池的电动势对滴定剂体积作图）来确定，也可以用二次微商曲线法求得。二次微商曲线法是一种不经绘图手续，通过简单计算即可求得终点的方法，结果比较准确。这种方法是基于在滴定终点时，二次微商值等于零。

例：用下表一组数据（接近终点时）求出滴定终点。

滴定剂体积 V/mL	电动势 E/mV	ΔE	ΔV	$\frac{\Delta E}{\Delta V}$	$\Delta\frac{\Delta E}{\Delta V}$	$\frac{\Delta\frac{\Delta E}{\Delta V}}{\Delta V}$
24.10	183					
24.20	194	11	0.1	110		
24.30	233	39	0.1	390	280	2800
24.40	316	83	0.1	830	440	4400
24.50	340	24	0.1	240	－590	－5900
24.60	351	11	0.1	110	－130	－1300

式中 $\frac{\Delta\frac{\Delta E}{\Delta V}}{\Delta V}=\frac{\Delta^2 E}{\Delta E^2}$，在接近终点时，加入 ΔV 为等量，设 V_G、V_D、V_Z 分别为二次微商在最高值、最低值和零点时滴定剂的体积；ΔV_G^2、ΔV_D^2 为二次微商在最高值与最低值时的绝对值，

则：$V_Z = V_G + (V_D - V_G)\cdot\frac{\Delta V_G^2}{\Delta V_G^2 + \Delta V_D^2}$

$$= 24.30 + (24.40 - 24.30)\cdot\frac{4400}{4400 + 5900}$$

$$= 24.34(\text{mL})$$

所以在滴定终点时，滴定剂的体积应为24.34mL。

三、仪器与试剂

(1) PXJ－1B 型数字式离子计；

(2) 216 型银电极，217 型双盐桥饱和甘汞电极；

(3) 电磁搅拌器及玻璃器皿；

(4) 氯化钠标准溶液 0.0500mol · L^{-1}：称取 2.9223g 基准级氯化钠(预先干燥)溶解在少量的去离子水中，然后移入 1000mL 容量瓶中，并稀释至刻度，摇匀。

(5) 硝酸银溶液：0.05moL · L^{-1}；

(6) 氨水 1∶1。

四、实验步骤

1. $AgNO_3$溶液的标定

(1) 用移液管吸取 10mL 0.0500moL · L^{-1}氯化钠标准溶液于 100mL 烧杯中，再加 25mL 蒸馏水。将此烧杯放在磁力搅拌器上，放入搅拌子。然后将清洗后的银电极和双盐桥饱和甘汞电极插入溶液。在滴定管内注入 $AgNO_3$溶液。

(2) 开动搅拌器，溶液应稳定而缓慢地搅动，并测量电动势，记下滴定起始体积和毫伏读数。然后由滴定管加入一定体积的 $AgNO_3$溶液，待电位稳定后(约 30s 后)读数滴定剂体积和电动势值。继续滴加，直至等当点，每次滴加的硝酸银的体积，开始时可多些，如 5mL，但在接近等当点时应少些，如 0.1mL，而且每次加入的量应相同，这样有利于滴定终点的计算，滴定在过等当点后还应继续滴定几点。

(3) 重复测定二次。电极、烧杯及搅拌子依次用氨水、自来水淋洗、蒸馏水润洗三次。

2. 测定自来水中氯离子含量

用移液管吸取 10mL 水样，其余操作与 1 相同。

五、数据及处理

(1) 记录标定 $AgNO_3$溶液时得到的数据，作出 mV－V $AgNO_3$图，并用二次微商法确定滴定终点，计算 $AgNO_3$溶液浓度。

(2) 记录测定水样中氯离子含量时得到的数据，用二次微商法确定滴定终点，计算水样中氯离子的含量(mg · L^{-1})。

$$[Cl^-] = \frac{C_{AgNO_3} \times V_{AgNO_3} \times M_{Cl^-}}{V_{水样}} \times 1000$$

六、注意事项

(1) 在测定过程中使自来水温度与标准溶液测定时的温度保持一致。

(2) 测量时浓度应由稀至浓，每次测定后用被测试液清洗电极、烧杯以及搅拌子。

(3) 电极与搅拌子切勿相碰。

七、思考题

(1) 试述双盐桥甘汞电极的结构特点及在本实验中的作用?

(2) 滴定操作时应注意哪些问题?

实验 3－3　自动电位滴定——NaCl 滴定 $AgNO_3$

一、目的要求

（1）了解自动电位滴定的原理；

（2）认识 ZD－2 型自动电位滴定仪的结构和使用方法；

（3）掌握 NaCl 滴定 $AgNO_3$的原理。

二、基本原理

1. 自动电位滴定原理

ZD－2 型自动电位滴定仪是一种能自动控制滴定速度并在终点时能自动停止滴定的电位分析仪。该仪器根据“终点电位补偿”的原理设计而成，滴定时预先设定一个代表终点的电位，将它与测量电极和参比电极之间的电位差相比较，比较后的电信号经放大后用来控制滴定速度。在远离终点时滴定速度快，接近终点时滴定速度减慢，达到终点时自动停止滴定。

2. 终点电位确定

根据 AgCl 的浓度积常数和克式量电位进行计算终点电位(25℃)

$$Ag^+ + Cl^- \longrightarrow AgCl\downarrow$$

$$K_{SP} = [Ag^+][Cl^-] = 1.85 \times 10^{-10}$$

$$E^{0\prime} = 0.568V(SCE)$$

$$E_{终} = E^{0\prime} + 0.0592\lg[Ag^+]$$

$$= 0.281V$$

3. 数据处理

根据终点时消耗的滴定剂体积计算 Ag^+ 浓度：

$$C_{Ag^+} \cdot V_{Ag^+} = C_{Cl^-} \cdot V_{Cl^-}$$

$$C_{Ag^+} = \frac{C_{Cl^-} \cdot V_{Cl^-}}{V_{Ag^+}}$$

三、ZD－2 型自动电位滴定仪

ZD－2 型自动电位滴定仪是电位分析中使用较广的一种仪器，可用来测量电动势和 pH 值，也可进行自动电位滴定。该仪器由 ZD－1 型滴定装置和 ZD－2 型电位滴定计组合而成。图 3－4 为该仪器原理的方框示意图。如图所示，滴定液放在烧杯中，滴定剂放在滴定管中，滴定管尖端套有乳胶管，后者通过电磁阀与一玻璃毛细管相连，电磁阀的开关由电信号控制，当它开放时，滴定剂能自动流入烧杯中，关闭时滴定中断。烧杯中插入合适的指示电极和参比电极并与仪器相连，滴定时须预先知道终点时的电位，仪器内部有一个比较电压与滴定池电压相比较，滴定前先将比较电压的大小调节到终点电位的数值，接上自动滴定装置后仪器就自动地将比较电压与滴定两电极之间的电压比较。远离终点时，比较电压与滴定池电压不等，仪器不断发出控制记号，放开电磁阀，使滴定剂流入烧杯；接近终点时，两个电压之间的差位缩小，仪器发出控制信号使时间缩短，电磁阀开放的时间也缩短，滴定剂的流速减慢；到达终点时，滴定池电压与比较电压相等，仪器不再发出控制信号，电磁阀关闭，滴定停止，从滴定管上读出滴定剂体积，即可计算出被滴定溶液的浓度。

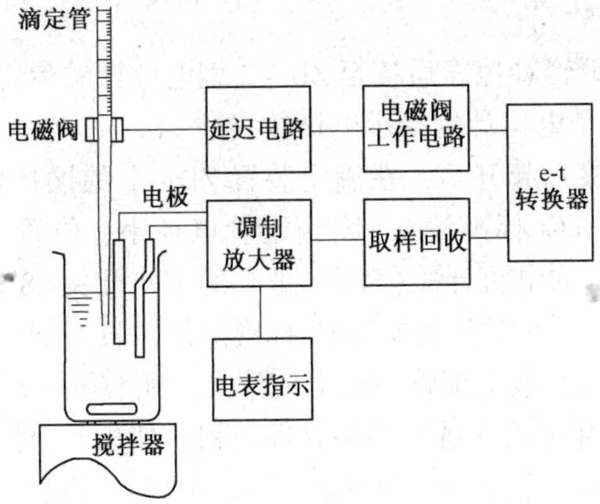

图 3－4　ZD－2 型自动电位滴定仪原理的方框图

ZD－2 型自动电位滴定计(包括 ZD－1 型滴定装置)的各个操作钮及外部元件如图 3－5、图 3－6 所示。

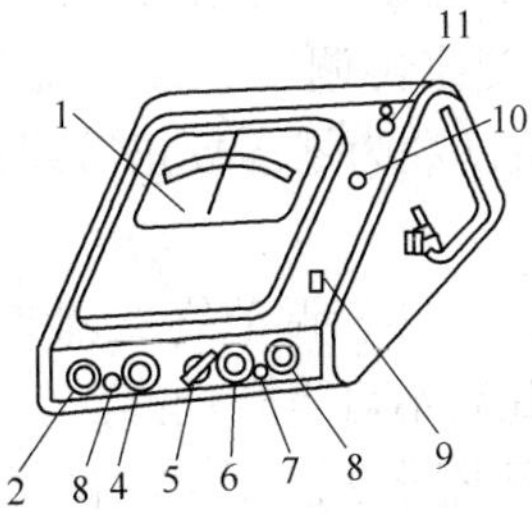

图 3－5　ZD－2 型电位滴定计

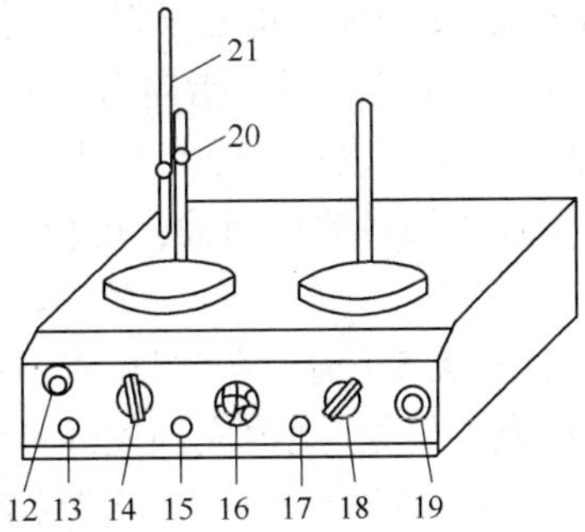

图 3－6　ZD－1 型电位滴定计

1—指示表；2—预控器；3—滴液开关；4—终点调节器；5—选择开关；
6—温度补偿器；7—指示灯；8—校正调节器；9—读数开关；10—电极接线柱；
11—电极接线柱；12—搅拌开关；13—指示灯；14—搅拌器选择开关；15—滴定指示灯；
16—搅拌调速器；17—终点指示灯；18—工作选择；19—滴定开关；20—电磁阀；21—滴定管

四、操作步骤

(1) 电极的选择：本实验以银电极为指示电极，217 型双盐桥甘汞电极为参比电极(此电极系在普通甘汞电极的支管外再套上一个内装硝酸钾溶液的支管，以免电极内部氯化钾溶液中的氯离子渗入被滴定的氯化钠溶液而干扰滴定)。

(2) 装好滴定管、指示电极(Ag)、参比电极(甘汞)和滴液毛细管，将电磁阀的接线插头插入滴定装置(ZD－1)背面的电磁阀插座中，并用专线将 ZD－2 型电位计和 ZD－1 型滴定装置连接起来，滴定管内装标准 NaCl 溶液。

(3) 调节电磁阀的大头螺丝，使滴定剂在电磁阀未开放时，不能下滴。而在电磁阀开启时能下滴，并调节至适当的流速(进行这一操作时，须将滴定装置 DZ－1 背面的电源开关打开，将其工作选择 18 拨至“手动”位置，揿下“滴定开始”按钮 19，并观察滴定剂流速，用尖头螺丝调节至适当的速度)。

(4) 确定终点电位：在本实验的条件下，已知 Ag^+/Ag 体系的式量电位($E^{0\prime}$)为

+0.568V(对 SCE)，氯化银的浓度积为 1.82×10^{-10}，算出本实验的终点电位(对 SCE)。(注：假定体系的温度为25℃)。

(5) 将银电极用细砂纸轻轻擦净后接至 ZD－2 型电位计的参比电极接线柱 10；217 型特殊甘汞电极则接至 ZD－2 型电位计的指示电极接线柱 11。

(6) 将电磁阀连同电极一起升高，在滴定装置 ZD－1 的搅拌台上放一废液杯，在滴定管中装满 $0.1000mol\cdot L^{-1}$NaCl 标准溶液(因滴定管口径小、位置高，可由一干净小漏斗加入)，打开滴定装置 ZD－1 的电流开关(背面)把它的工作开关 18 拨至“手动”位置，用手揿“滴定开始”按钮 19 放掉滴定管中多余的 NaCl 标准溶液，直至刻度零位为止。

(7) 用洗瓶洗净电极及滴液毛细管后取下废液杯。用移液管吸取 50.00mL$AgNO_3$样品溶液，放在 100mL 烧杯中，杯中放入洗净的搅拌棒一根，然后放至搅拌台上准备滴定。

(8) 将电磁阀连同电极一起下降，使电极浸入被测溶液内，打开电磁搅拌开关 12，用搅拌调速器 16 调节至适当的搅拌速度。

(9) 将滴定装置 ZD－1 的滴定开关 19 拨至“滴定”位置。

(10) 打开 ZD－2 型电位计背面的电源开关，预热 5～10min，置滴液开关 3 于“－”向，将指示电极插头拔出(使输入电位为零)。把选择开关 5 拨至“mV”位置，揿下读数开关 9，转动校正调节器 8，使电表指针指向右边零位。这样，电表的读数为负读数，放开读数开关 9，再将它揿下，检查电表指针是否指零，如位置改变应再调节。此后就不可再转动校正调节器 8 了。这一校正的目的是当输入电位为零时仪器读数为零，校正后即将指示插头插入其插孔内。

(11) 将选择开关 5 置于“终点”位置，揿下读数开关 9，调节终点调节器 4，使电表指针指在本实验的终点电位处(此值应预先计算确定)，此后不可再转动终点调节器。

(12) 将选择开关 5 置于“滴定 mV”位置，并将预控器 2 旋至中间位置(预控器的作用见注意事项中 6)。

(13) 记下滴定管的初读数，揿下读数开关 9 和滴定开关 19，2s 左右“终点指示灯”17 亮，滴定就开始自动进行。同时“滴定指示灯”15 亮或时亮时暗，当其亮时表明电磁阀门打开，滴定剂下滴，暗时则电磁阀门关闭，滴定剂不下滴。随着滴定的进行指示电极(Ag)的电位逐渐接近终点处的电位，电表指针也逐渐向终点电位处接近。在接近终点时，“滴定指示灯”15 熄灭，电磁阀不再打开，约 10s 后，“终点指示灯”15 也熄灭，表示滴定结束。

(14) 读取滴定剂的体积读数，求出滴定剂消耗的体积(mL)。

(15) 用移液管再吸取 50.00mL$AgNO_3$样品溶液一份于 100mL 烧杯中，按上述各步骤进行滴定，求出滴定剂消耗的体积(mL)。

五、数据及处理

算出自动电位滴定法两次测定所得$AgNO_3$溶液的浓度，以其平均值作为测定结果，并计算出二次测定的精密度。

六、注意事项

(1) 仪器必须充分预热 10min 以上。

(2) 实验前应用细砂纸将电极擦净。

(3) 双盐桥甘汞电极，内充饱和 KCl 溶液，外充饱和 KNO_3溶液，内部不能有气泡。

(4) 每份样品做完后必须把电极在1∶1 氨水中浸泡片刻。

(5) 电极离开溶液前，必须先放开读数开关，以免指针强烈摆动而受损。

(6) 预控器的作用是控制滴定剂的加入速度，使之在远离终点时加得快些，以缩短滴定时间；而在接近终点时则加得慢一些，越接近终点，滴定剂的加入速度越慢，使反应能够完全，并防止滴过头。

所谓预控器就是调节仪器从何时开始控制和减慢滴定剂的流速。预控制过迟虽可节省滴定时间，但易过滴而造成误差；预控制过早虽可保证滴定准确，但滴定时间过长。所以调节要适当，具体要求由实验确定，当无经验时，可将其调至中间位置。

七、思考题

(1) 为什么必须用实验条件下体系的克式量电位来计算滴定的终点电位？用标准电位可以吗？为什么？

(2) 若采用单盐桥甘汞电极对测定有何影响？为什么？

实验3-4 HAc和HCl混合酸的电位滴定

一、目的要求

(1) 掌握电位滴定仪的使用方法；

(2) 学会用电位的变化来判断酸碱滴定的终点。

二、基本原理

弱酸和弱碱混合液的滴定比单一组分的酸碱滴定复杂，因此采用电位滴定法测定。在滴定过程中，随滴定剂的不断加入，溶液的 pH 值不断变化。当 NaOH 标准溶液加入 HAc 和 HCl 混合溶液中，HCl 组分首先被滴定，达到化学计量点时，即出现第一个突跃，此时产物为 NaCl + HAc。继续用 NaOH 滴定，HAc 和 NaOH 溶液定量反应，达到化学计量点时，形成第二个突跃，滴定产物为 NaAc 和 NaCl。由加入的 NaOH 体积 V 和测得的 pH 值，绘制 pH - V 滴定曲线，由此曲线分别确定 HCl 和 HAc 的化学计量点，从而计算混合酸中的 HAc 和 HCl 的含量。

HCl 和 HAc 混合溶液中 $[H^+]$ 为多少？未滴定 NaOH 溶液之前应该先测量混合溶液的 pH 值。根据质子条件可计算 pH 值，根据下列关系：

$$[H^+] = [OH^-] + [Ac^-] + C_{HCl}$$

由于 HCl 与 HAc 混合溶液呈酸性，$[OH^-]$ 可忽略，故：

$$[H^+] = [Ac^-] + C_{HCl} = \frac{C_{HCl} \times K\alpha}{K\alpha + [H^+]} + C_{HCl}$$

按上式计算混合液的 pH 值比较麻烦，故采用 pH 计直接测量。

pH 指示电极、参比电极、被测试液组成测量电池。指示电极的电位随被测溶液的 pH 值变化而变化，而参比电极的电位不随 pH 值的变化而变化，它们符合能斯特方程中电位 E 与离子活度之间的关系。本仪器采用零电位为 pH 值为 7 的玻璃电极或复合电极。仪器设置了稳定的定位调节器和斜率调节器。前者是用来抵消测量电池的起始电位，使仪器的示值与溶液的实际 pH 值相等；而后者通过调节放大器的灵敏度使 pH 值整量化。

三、仪器与试剂

(1) pHS-3C 型精密酸度计或其他型号；

(2) 玻璃电极或复合电极；

(3) $0.2mol \cdot L^{-1}$ NaOH 溶液：如果只测定混合酸的化学计量点，可以不标定；如果要求测定混合酸各自的含量，则要求标定。

(4) $0.02mol \cdot L^{-1}$ HAc 溶液和 $0.2mol \cdot L^{-1}$ HCl 溶液等体积混合溶液。

(5) 0.2% 酚酞指示剂；

(6) 0.2% 甲基橙指示剂；

(7) pH = 6.864 标准缓冲溶液。

四、实验步骤

（1）仪器调节：

① 在测定溶液 pH 值时，将 pH 电极、参比电极、和电源分别插入相应的插座中。将功能开关拨至 pH 位置。

② 仪器接通电源预热 30min(预热时间越长越稳定)后，将所有电极插入 pH 值为 6.86 的标准缓冲溶液(第一种)中，平衡一段时间(主要考虑电极电位的平衡)，待读数稳定后，调节定位调节器，使仪器显示 6.86。

③ 用蒸馏水冲洗电极并用吸水纸擦干后，插入 pH 值为 4.01 的标准缓冲溶液(第二种)中，待读数稳定后，调节斜率调节器，使仪器显示 4.01。仪器校正完毕。为了保证精度，建议以上 2、3 两个标定步骤重复一、二次。一旦仪器校正完毕，“定位”和“斜率”调节器不得有任何变动。

④ 用蒸馏水冲洗电极并用吸水纸擦干后，插入样品溶液中进行测量。

（2）准确移取 25.00mL 试液于 100mL 或 150mL 小烧杯中，用 $0.2mol \cdot L^{-1}$ NaOH 溶液滴定，开始时每滴入 5.00mL 测定一次 pH 值，这样连续滴定两次。然后滴入滴定剂，每隔 2mL 测定相应的 pH 值。当接近化学计量点时，每滴入 0.2mL 溶液测定一次。

（3）加入 1～2 滴酚酞指示剂，继续用 NaOH 标准溶液滴定，每隔 2mL 测定一次 pH 值。当接近化学计量点时，每滴入 0.2mL 溶液测定一次，直到溶液呈现微红色，然后再滴入少量的 NaOH，多测几次即可终止实验。

五、数据处理

（1）以消耗 NaOH 溶液的体积数为横坐标，pH 值为纵坐标，绘制 pH－V 滴定曲线。

（2）第一次突跃部分应该是 HCl 和 NaOH 等摩尔量作用所形成的区域，在 pH－V 滴定曲线上，用“三切线法”作图求 pH_{eq1}，计算 HCl 的量。

（3）第二次突跃部分应该是 HAc 和 NaOH 等摩尔量作用所形成的区域，在 pH－V 滴定曲线上，用“三切线法”作图求 pH_{eq2}，计算 HAc 的量。

六、注意事项

（1）若测定偏碱性的溶液时，应用 pH 值为 6.86 的标准缓冲溶液(第一种)和 pH 值为 9.18 的标准缓冲溶液(第二种)来校正仪器。

（2）为了保证 pH 值的测量精度，要求每次使用前必须用标准溶液加以校正。注意校正时标准溶液的温度与状态(静止还是流动)和被测液的温度与状态应尽量一致。

（3）在使用过程中，遇到下列情况时必须重新标定仪器：①换用新电极；②“定位”或“斜率”调节器变动过。

（4）在使用复合电极时，溶液一定要超过电极头部的陶瓷孔。电极头部若沾污可用医用棉花轻擦。

（5）玻璃 pH 电极和甘汞电极在使用时，必须注意内电极与球泡之间及参比电极内陶瓷芯附近是否有气泡存在，如有必须除去。

七、思考题

（1）0.02mol · L^{-1} HAc 溶液和 0.2mol · L^{-1} HCl 溶液等体积混合溶液的 pH 值是多少？实验所测值是多少？

（2）滴定至 pH = 4.0 和 7.0，各有多少 HAc 参加反应？

（3）如果混合试液是 0.1mol · L^{-1} HCl 溶液和 0.1mol · L^{-1} H_3BO_3 溶液等体积混合，问能否用酸碱滴定法分别测定？应如何测定？

实验3-5　电导法测定水质纯度

一、目的要求

(1) 了解电导仪的使用方法；

(2) 掌握测定电导池常数和测定水质纯度的方法。

二、基本原理

锅炉用水、工业废水、环境监测和实验室用的蒸馏水、去离子水、二次蒸馏水等都要求检测水的质量，可用电导法来进行评价。水的电导率越小(或电阻率越大)，表示水的纯度越高。但对于水中细菌、悬浮杂质等非导电性物质和非离子状态的杂质对水质纯度的影响不能检测。

水的电导率反映了水中无机盐总量，是水质纯度检验的一项重要指标。水的电导率越小(或电阻率越大)，表示水的纯度越高。纯水的理论电导率为 $0.055\text{mS}\cdot\text{cm}^{-1}$，离子交换水的电导率为 $0.01\sim0.1\text{mS}\cdot\text{cm}^{-1}$，普通蒸馏水的电导率为 $3\sim5\text{mS}\cdot\text{cm}^{-1}$，一般自来水的电导率介于 $125\sim1250\mu\text{S}\cdot\text{cm}^{-1}$。通常，电导率在 $1\text{mS}\cdot\text{cm}^{-1}$ 以下的纯水即可满足一般分析的需要。对于要求更高的分析，水的电导率应更低。但是应注意，对于水中的细菌、悬浮物等非导电性物质和非离子状态的杂质对水纯度的影响不能检测。测定溶液的电导率实际上是测定它的电阻。测量电阻的经典方法是惠斯登电桥法，现在直接使用电导仪，如国产 DDS-11A 型电导仪，操作简便。测量时，使用铂黑电导电极，灵敏度较高，也可使用光亮电导电极。测量电导率时，如果不是在25℃下进行的，可按公式将实验温度时测得的电导率换算成25℃时的电导率。

三、仪器与试剂

(1) 仪器：DDS-11A 型电导率仪；铂黑电导电极(光亮电导电极)、电导池，电磁搅拌器，恒温水槽。

(2) 试剂：$0.02000\text{mol}\cdot\text{L}^{-1}$ KCl 标准溶液；新制备的二次蒸馏水；离子交换水；一次蒸馏水，自来水，河水。

四、实验步骤

1. 电导池常数的测定

(1) 接通电导率仪电源。将铂黑电导电极用去离子水洗净并用滤纸片吸干。

(2) 将洗净的电导池用去离子水洗涤2~3次，再用 $0.02000\text{mol}\cdot\text{L}^{-1}$ KCl 溶液洗涤2~3次。

(3) 将待测的 KCl 溶液倒入插有电极的电导池中，以能淹没电极为宜。置电导池于25℃水槽中，将电极导线接到电导率仪上，待电导池内 KCl 溶液的温度与恒温水槽的温度平衡后(约10min)，即可进行测量 KCl 溶液的电导率。

2. 水质纯度的测定

用待测水样洗涤电导池，按上述步骤分别测定新制备的二次蒸馏水、离子交换水、一次蒸馏水、自来水和河水的电导率。新制备的蒸馏水放入电导池后，应立即测定。

五、数据处理

（1）计算电导电极的电导池常数。

（2）计算在25℃时新制备的二次蒸馏水、离子交换水、一次蒸馏水、自来水和河水的电导率。由计算结果说明哪个质量较好。

六、注意事项

（1）电极引线不应潮湿，否则会影响测量结果。

（2）新制备的高纯水放入电导池后应立即测定，以免空气中CO_2溶入后改变电导率。

（3）测量应在恒温(25℃ ±0.2℃)条件下进行。否则可按下式将实验温度时测得的电导率换算成25℃时的电导率：

$$k = \frac{k_t}{1 + 0.022(t - 25)}$$

式中，t为实验时的温度,℃；k为温度t时测得的电导率。

七、思考题

（1）新制备的蒸馏水放入电导池后，为什么应立即测定？

（2）用蒸馏法和离子交换法制得的纯水各有何优点？说明如何制备高纯水。

实验3-6 电导滴定法测定醋酸的解离常数Ka

一、目的要求

(1) 熟悉电导滴定法的基本原理；

(2) 掌握电导滴定法测定弱酸解离常数的实验方法。

二、基本原理

溶液的电导率随离子的数目、电荷和大小而变化，也随着溶剂的某些特性如黏度的变化而变化。可以推测，不同种类的离子对给定溶液产生不同的电导值。因此，如果溶液里一种离子通过化学反应被另一种大小或电荷不同的离子取代，必然导致溶液的电导发生显著变化。电导滴定法正是利用这一原理完成被测物质的定量测定。

测定一个已知准确浓度的电解质溶液的电导率，利用以下公式计算该溶液的摩尔电导：

$$\Lambda_m = \frac{k}{C}$$

查表计算该电解质的极限摩尔电导：

$$\Lambda_m^\infty = \Lambda_{m,+}^\infty + \Lambda_{m,-}^\infty$$

则：

$$\alpha = \frac{\Lambda_m}{\Lambda_m^\infty}$$

那么，醋酸在溶液中的解离平衡为：

$$\begin{array}{ccccc} HAc & = & H^+ & + & Ac^- \\ c(1-\alpha) & & c\alpha & & c\alpha \end{array}$$

解离常数 K_α^Θ 为：

$$K_\alpha^\Theta = \frac{\frac{c}{c^\Theta}\alpha^2}{1-\alpha}$$

三、仪器与试剂

(1) 仪器：电导率仪；电导电极(铂黑电极)；电磁搅拌器。

(2) 试剂：0.2000mol·L^{-1}氢氧化钠标准溶液；醋酸溶液：0.1mol·L^{-1}；盐酸溶液：0.1mol·L^{-1}。

四、实验步骤

(1) 预热电导率仪，联接电导电极。

(2) 移取约20mL 0.1mol·L^{-1}醋酸溶液于300mL的烧杯中，加蒸馏水170mL，将烧杯放在电磁搅拌器上，插入洗净的电导电极，注意不能影响搅拌磁子的转动。开动电磁搅拌器，调节搅拌速度，使溶液不出现涡流。

(3) 用0.2000mol·L^{-1}的标准氢氧化钠溶液滴定，首先记录醋酸未滴定时的读数，然后每滴加0.5mL读一次电导数值，直到滴定剂约20mL体积。

（4）同实验步骤 2、3，用 0.2000mol · L^{-1}的 NaOH 溶液滴定约 0.1mol · L^{-1}的盐酸溶液 20mL。

五、数据处理

（1）绘制醋酸和盐酸的滴定曲线。

（2）从两种滴定曲线的终点所消耗的 NaOH 体积，分别计算醋酸和盐酸的准确浓度。

（3）按原理中公式，求醋酸在 100% 解离时的摩尔电导值，进而计算出醋酸的解离常数。

六、注意事项

测定时，电导受温度的影响，所以应注意温度的控制。

七、思考题

（1）解释用 NaOH 滴定 HAc 和 HCl 的电导滴定曲线有何不同？

（2）采用本方法测定弱电解质解离常数有何特点？

第 4 章　极谱和伏安法

以测量电解过程中所得电流－电压曲线(伏安曲线)为基础进行测定的一大类电化学分析法称为伏安分析法。它是一类应用广泛而又十分重要的电化学分析方法。伏安分析法分为伏安法和极谱法，它们的区别在于工作电极的不同。

凡使用的极化电极是滴汞电极或其他电极表面能够周期性更新的液体电极的伏安法，称为极谱法。极谱法包括直流极谱法、单扫描示波极谱法、交流极谱法、方波极谱法和脉冲极谱法。

凡使用固体电极或表面静止的电极，如铂电极、悬汞电极、汞膜电极作为工作电极的，称为伏安法。伏安法又包括线性扫描伏安法、循环伏安法、脉冲伏安法和溶出伏安法等。

伏安法和极谱法是一种特殊的电解方法。以小面积、易极化的电极作工作电极，以大面积、不易极化的电极为参比电极组成电解池，电解被分析物质的稀溶液，由所测得的电流－电压特性曲线来进行定性和定量分析的方法。

极谱分析法是一种微量分析法，它适用于被测物质的浓度范围为 $10^{-5} \sim 10^{-2} mol \cdot L^{-1}$。在实验中采用的电解池是由滴汞电极(工作电极)和饱和甘汞电极或银－氯化银(参比电极)组成的，如图 4－1 所示。电解时改变外加电压，使流向电解池的电流发生变化，记下各个不同电压下相应的电流值，以电压为横坐标，电流为纵坐标绘图，得电压－电流曲线(如图 4－2 极谱图)来进行分析。

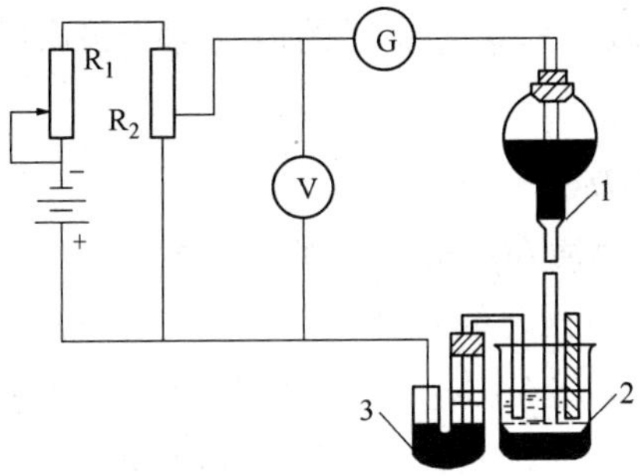

图 4－1　极谱分析的基本装置

1—滴汞电极；2—电解池；3—饱和甘汞电极

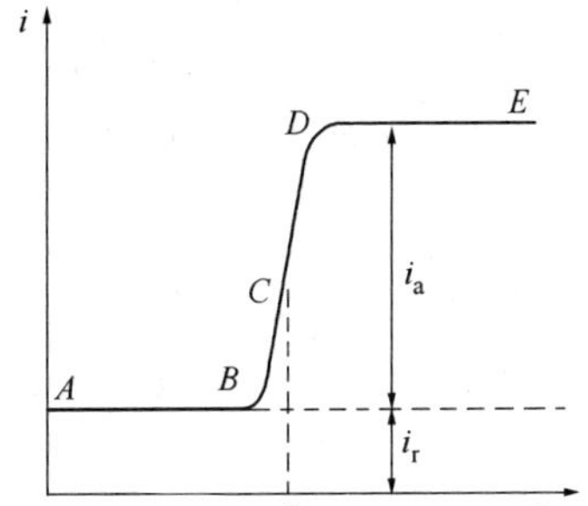

图 4－2　电流－电压曲线

实验 4-1　极谱法测定水样中 Zn

一、目的要求

（1）学习示波极谱分析法测定锌的基本原理；

（2）掌握示波极谱仪的操作技术。

二、基本原理

在 $NH_4Cl - NH_3 \cdot H_2O$ 介质中，Zn 在示波极谱仪上有较好的还原波，峰电位为 -1.48V。在 $10^{-7} \sim 10^{-4} g \cdot mL^{-1}$浓度范围内，Zn 的含量与峰电流呈线性关系，与标准溶液在相同条件下比较，可测定样品中的 Zn 含量。

实验中用 Na_2SO_4来除 O_2，以消除 O_2的还原波对测定的影响，用动物胶来抑制极谱的极大。

在电解液为 $ZnCl_2$溶液中，当外加电压在未达到 Zn^{2+}的析出电位时，溶液中只有极微小的电流通过(残余电流)，当外加电流增加到 Zn^{2+}的析出电位时，Zn^{2+}开始电解，此时在滴汞电极(阴极)上，Zn^{2+}还原为锌汞齐：

$$Zn^{2+} + 2e + Hg \rightleftharpoons Zn(Hg)$$

在阳极上发生氧化反应：

$$2Hg + 2Cl^- \rightleftharpoons Hg_2Cl_2 + 2e^-$$

此时外加电压稍稍增加，电流就迅速增加，但当电压增加到一定数值时，电流却不再增加而达到一个极限值(极限电流)，极限电流减去残余电流后的值，称为极限扩散电流。扩散电流 i_d 可用尤考维奇(Ilkovic)方程式表示：

$$i_d = 607nD^{\frac{1}{2}}m^{\frac{2}{3}}t^{\frac{1}{6}}c$$

式中：n 为电极反应中电子转移数；D 为被测物质在溶液中的扩散系数，$cm^2 \cdot s^{-1}$；m 为汞在毛细管中的流速，$mg \cdot s^{-1}$；t 为在测量 i_d的电压时的汞滴周期，s；c 为在电极上起反应的物质的浓度，$mmol \cdot L^{-1}$；i_d为平均极限扩散电流，μA；K 为比例常数(当 i_d表示最大电流时，$K=708$；i_d表示平均电流时，$K=607$，测量时测得的是平均极限扩散电流)。当实验条件(温度、汞高、支持电解质等)固定时，极限扩散电流与物质的量成正比：

$$i_d = K_C$$

这是定量分析的基础。定量分析的方法有标准曲线法、标准加入法和直接比较法等。

标准曲线法：配制一系列不同浓度的被测物质的标准溶液，在相同底液(支持电解质、极大抑制剂等)，同一滴汞电极和汞柱高度下测定波高(也就是扩散电流)，绘制波高对浓度的标准曲线，然后在相同实验条件下测量未知液的波高，由标准曲线上查得其浓度。

标准加入法：首先准确移取一定体积(V_x)的未知试样并测定其波高 h，然后加入一定体积(V_s)浓度为 C_s 的未知离子的标准溶液，在同样条件下测定其波高 H，则：

$$h = k \cdot C_x$$

$$H = \frac{V_x \cdot c_x + V_s \cdot c_s}{V_x + V_s}$$

得：$$C_x = h\frac{V_x \cdot c_x + V_s \cdot c_s}{(V_x + V_s)H - V_x h}$$

直接比较法：在相同实验条件下，取一份与被测物质浓度相近的标准溶液 C_S，然后得到被测溶液和标准溶液的 h_x 和 h_s，根据浓度和波高的比值，即可求得被测溶液的浓度：

$$c_x = \frac{h_x}{h_s} \cdot c_s$$

三、仪器与试剂

（1）仪器：JP－2 型示波极谱仪（成都仪器厂）；台秤；量筒；烧杯；电加热炉；试剂瓶。

（2）试剂：②混合底液：称取 53gNH_4Cl（AR）、15g 无水 Na_2SO_4（AR）溶于 200mL$NH_3 \cdot H_2O$ 中，加 10mL1% 动物胶，用重蒸水稀释到 500mL，摇匀后备用。②Zn 标准溶液：用混合底液配成 0.10g · L^{-1}Zn 标准溶液。

四、实验步骤

1. 准备

（1）将电极插头插入“电解池”插座，Pt 电极插头插入“辅助电极”插孔，Hg_2Cl_2 电极插头插入“参比电极”插孔。接通电源，将储汞瓶升高。

（2）选择好适当的“原点电位”值，极性开关转到“－”时，原点电位读数为负值；转到“＋”时为正值（如：－1.2V，波峰即在屏上 0.28V 处出现）。

2. 测量

（1）取 10.00mL 含 Zn 试液于 50mL 烧杯中，加热蒸至干，取下冷至室温后加 10mL 重蒸水和 10mL 混合底液，摇匀，移入小电解杯中。将电极插入溶液，电极开关置于“双电极”（如果用三电极测量，则置于“三电极”处）。

（2）测量开关扳到“阴极化”，屏上调出的光点由左向右扫描，测还原波。导数开关置于常规“I_p”挡。从－1.20V 起始至－1.70V 范围内做 Zn 的极谱图，记录峰电流（用峰高 I_x 表示）。峰高值（μA）等于 I_p 与电流倍率的相应倍数之乘积。（波）峰电位读数（荧光屏横坐标）等于原点电位（－1.20V）与波峰在示波管横坐标上对应读数（负值）之代数和。

（3）取 10.00mL 0.10g · L^{-1} Zn 标准溶液于小电解杯中，加 10mL 混合底液，摇匀后，按上述操作条件作极谱图，记录峰高 I_S，与试样比较，求出原试液中 Zn 的含量。此法可测定人发、血液、尿液、粮食、饲料、矿样、植物体、试剂和水样中的微量 Zn。可进行多次平行测定，取平均值计算结果。

3. 结束

仪器使用完毕，移开电解池，将电极开关转到“双电极”，再关电源。然后冲洗电极，用滤纸拭干，让毛细管汞滴继续自由滴落几滴后，再把储汞瓶缓缓降到预置高度，让毛细管静置在大气中保存。

五、数据处理

按下式计算试液中 Zn 的质量浓度，

$$c_x = \frac{I_x}{I_s} \cdot c_s$$

式中 C_s——Zn 标准溶液的质量浓度，即 $C_s = 0.10 g \cdot L^{-1}$；

I_x、I_s——试样和标准溶液 3 ~5 次平行测定的平均峰高。

六、注意事项

（1）Co、V、Ni、Mn 对测定有影响。阴离子 NO_3^- 对测定有影响，试液需预先蒸干除去 NO_3^-，且标准溶液不能用 $Zn(NO_3)_2$ 配制。

（2）极谱仪要在无震动、无灰尘、无酸碱、无烟雾、干燥、阴凉、通风良好的专用极谱室内工作。长期不用时，也要定期对仪器通电保养。

仪器工作前，应先阅读“使用说明书”或在教师指导下进行工作，不可盲目调节，以免损坏仪器。

（3）极谱仪工作台上，不要安放交流电源转接板和其他用电设备。工作时，电极系统不允许震动。

（4）开机或关机前，必须将电极从电解池中取出，以保护电极。并把电极开关转到“双电极”，原点电位转到“ -0.5V”左右。

七、思考题

（1）示波极谱定量分析还有哪些方法？它们各有哪些特点？

（2）测量过程中，如果扫描波形起点出现跳动、基线倾斜，为提高测定准确度，应如何处理？

实验4-2 极谱法测定铅离子的半波电位和电极反应的电子数

一、目的要求

(1) 掌握电解条件的特殊性；

(2) 学习极谱法测定电极反应的电子数和半波电位的基本原理和方法，理解半波电位的实际意义。

二、实验原理

极谱分析是一种特殊的电解过程，试液中必须加入支持电解质和动物胶，通 N_2 除 O_2，并保持溶液静止的条件下进行测定。

对可逆电极反应：

$$O + ne \longrightarrow R$$

其对应的极谱波方程式为：

$$E_{de} = E^{\Theta} - \frac{RT}{nF}\ln\frac{D_s^{1/2}}{D_d^{1/2}} - \frac{RT}{nF}\ln\frac{i}{i_d - i}$$

式中 D_s 为金属离子在溶液中的扩散系数，D_d 为金属在汞齐中的扩散系数，E_{de} 及 i 为极谱波上任意一点相应的电位及电流值。其他符号有通常意义。在波的中点处，即 $i = i_d/2$ 时的 E_{de}，即为半波电位 $E_{1/2}$，此时上式中最后一项等于零，故得：

$$E_{de} = E^{\Theta} - \frac{RT}{nF}\ln\frac{D_s^{1/2}}{D_d^{1/2}}$$

由以上两式有：

$$E_{de} = E_{\frac{1}{2}} - \frac{RT}{nF}\ln\frac{i}{i_d - i} = E_{\frac{1}{2}} - \frac{0.059}{n}\ln\frac{i}{i_d - i}(25℃)$$

该式是测定可逆极谱波电极反应的 n、$E_{1/2}$ 的依据。

一般说来，测定 n 和 $E_{1/2}$ 有两种方法：

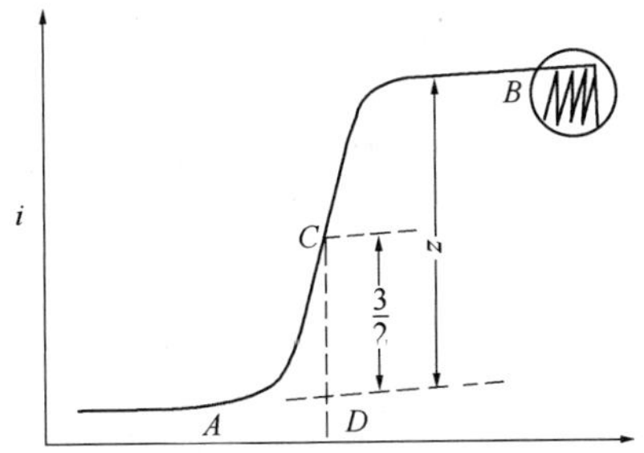

图4-3 扩散电流 i_d 和 $E_{1/2}$ 的测量方法

1. 如图4-3所示

在极谱图上，首先延长残余电流切线A至极限电流平坦线B之下，其间高度为极谱扩散电流 i_d。取 i_d 的1/2处作平行于残余电流切线的延长线并和极谱波相交于C点，由交点C处作垂线和横轴相交于D处，即为 $E_{1/2}$。

按上述同样方法确定 $E_{1/4}$和 $E_{3/4}$的电位值，用下式求算 n：

$$E_{\frac{1}{4}}-E_{\frac{3}{4}}=2.303\frac{RT}{nF}\lg 9=0.954\left(\frac{2.303RT}{nF}\right)$$

在 25℃时：

$$n=\frac{(E_{\frac{1}{4}}-E_{\frac{3}{4}})}{0.056}$$

2. 极谱波方程的对数分析

由 $E_{de}=E_{\frac{1}{2}}-\frac{0.059}{n}\ln\frac{i}{i_d-i}$

整理得：

$$\lg\frac{i}{i_d-i}=\frac{n}{0.059}E_{\frac{1}{2}}-\frac{n}{0.059}E_{de}$$

若将 $\lg\frac{i}{i_d-i}$ 对 E_{de}作图，将得一条直线，其斜率为$\frac{n}{0.059}$，对数项为零时的电位即为 $E_{1/2}$，见图 4－4。

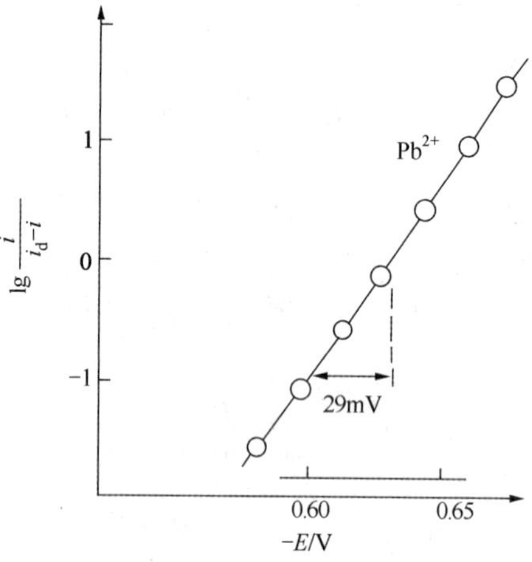

图 4－4　铅的极谱波方程对数分析曲线

三、仪器与试剂

（1）仪器：极谱仪；停表。

（2）试剂：0.10mol·L^{-1}KCl；1.00×10^{-2}mol·L^{-1}铅标准溶液；

（3）0.5% 动物胶；固体 KNO_3；

（4）纯氮气：99.9% 以上。

四、实验步骤

1. 氧的极谱波以及残余电流的观察

（1）在电解池中放入约 10mL 0.1mol·L^{-1} KCl 和 5 滴 0.5% 动物胶。

（2）将滴汞电极接仪器的“－”极，大面积的饱和甘汞电极接“＋”极，升高储汞瓶至一定高度，使汞滴约 4s 滴下一滴，从 0～－1.8V 扫描记录氧的极谱图（如氧波不明显，可向试液鼓气泡）。

（3）通 N_2 约 10min（溶液连续冒小气泡），再记录极谱图。

2. 支持电解质的作用

（1）量取 10mL $1.00 \times 10^{-2} mol \cdot L^{-1} Pb^{2+}$ 于电解池中，加入 5 滴 0.5% 动物胶，通 N_2 10min 除去 O_2，从 −0.3 ~ −1.2V 扫描记录极谱图。

（2）在电解池中加入约 0.5g 固体 KNO_3，通 N_2 5min，再记录极谱图。

3. 汞柱高度对极谱波的影响

（1）紧接“2”的实验，改变汞柱的高度（储汞瓶内汞面到毛细管尖端的距离）二次，分别记录极谱图。

（2）在不加电压的条件下，取两个不同的汞柱高度，用停表记录汞滴滴落的时间，观察汞柱高度对汞滴滴落时间（取约 15 滴汞的总时间除以滴数）的影响。

（3）在同一汞柱高度，观察外加电压对汞滴滴落时间的影响。第一次电极上不加电压，第二次加 −1.0V，第三次加 −2.0V。

4. 测量 Pb^{2+} 的扩散常数 $\varphi_{1/2}$、Z

（1）准确移取 10mL $1.00 \times 10^{-2} mol \cdot L^{-1}$ Pb^{2+} 溶液于 100mL 容量瓶中，加入 5 滴 0.5% 动物胶 10mL $0.10 mol \cdot L^{-1} KNO_3$（或固体 KNO_3）稀释至刻度。从 −1.2 ~ −0.3V 扫描记录极谱图。

（2）汞滴滴落时间的测量：在极谱波扩散电流的某一固定电位处，用停表测量 10 滴汞滴落的时间。

（3）毛细管中汞的流速的测量：用小勺盛接毛细管下滴落的汞 2min，收集的汞用丙酮洗涤，吹干并称重。

五、结果处理

（1）根据 Ilkovic 方程式计算支持电解质 KNO_3 溶液中 Pb^{2+} 的扩散系数。

（2）用对数作图法求 n 和 $E_{1/2}$。

六、注意事项

（1）汞蒸气有毒，实验时必须小心，防止汞滴滴落在实验桌上或地上，如果发生汞滴散落，应报告老师并及时处理。

（2）电解池中废液应倒入废液缸中，严禁倒入水槽。

（3）实验结束后，用蒸馏水清洗电极并擦干，再让汞滴在空电解池中滴落数滴，然后放下储汞瓶。

七、思考题

（1）解释汞柱高度和外加电压对极谱波高的影响。

（2）本实验测出的 n 和 $E_{1/2}$ 与文献值比较有无差别？并讨论可能引起差别的原因。

（3）本实验中求 n 和 $E_{1/2}$ 的两种方法各有哪些优点？

实验4－3　循环伏安法测定电极反应参数

一、目的要求

1. 学习循环伏安法测定电极反应参数的基本原理及方法；
2. 熟悉循环伏安法的实验技术；
3. 了解可逆波、不可逆波的循环伏安图的特点。

二、基本原理

循环伏安法(CV)，也称为三角波线性电位扫描法，是重要的电分析化学研究方法之一。该法将对称的三角波扫描电压施加于电解池的电极上，记录工作电极上的电流随电压变化的曲线，即CV曲线或循环伏安图。在三角波的前半部分，电极上若发生还原反应(阴极过程)，得到一个峰形的阴极波；而在三角波的后半部分，则得到一个峰形的阳极波。一次三角波电压扫描，电极上完成一个氧化还原循环。图4－5中表明了施加电压的变化方式：起扫电位为＋0.8V，反向起扫电位为－0.2V，终点又回扫到＋0.8V，扫描速度可从斜率反映出来，其值为50mV·s^{-1}。虚线表示的是第二次循环。一台现代伏安仪具有多种功能，可方便地进行一次或多次循环，任意变换扫描电压范围和扫描速度。

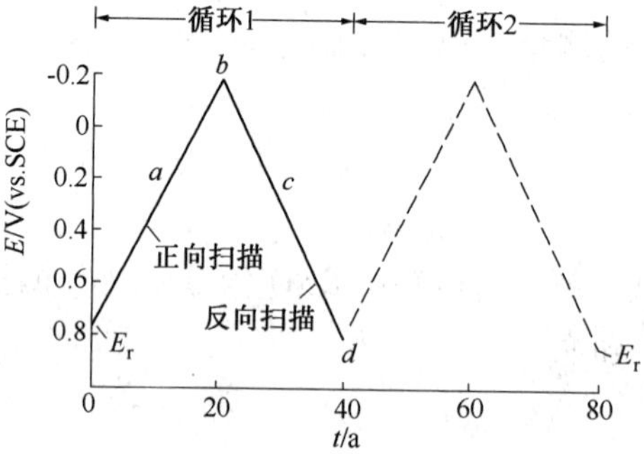

图4－5　循环伏安法的典型激发信号

三角波电位，转换电位为0.8V和－0.2V(vs. SCE)

当工作电极被施加的扫描电压激发时，其上将产生响应电流。以该电流(纵坐标)对电位(横坐标)作图，称为循环伏安图。典型的循环伏安图如图4－6所示。该图是在3mol·L^{-1}的KCl电解质溶液中，1×10^{-2}mol·L^{-1}的$K_3Fe(CN)_6$在Pt工作电极上反应得到的结果。

从图4－6可见，起始电位E_i为＋0.8V(a点)，电位比较正的目的是为了避免电极接通后$Fe(CN)_6{}^{3-}$发生电解。然后沿负的电位扫描(如箭头所指方向)，当电位至$Fe(CN)_6{}^{3-}$可还原时，即析出电位，将产生阴极电流(b点)。其电极反应为：

$$Fe(Ⅲ)(CN)_6^{3-}+e^-\longrightarrow Fe(Ⅱ)(CN)_6^{4-}$$

随着电位的变负，阴极电流迅速增加(bcd)，直至电极表面的$Fe(CN)_6^{3-}$浓度趋近零，电流在d点达到最高峰。然后迅速衰减(def)，这是因为电极表面附近溶液中的$Fe(CN)_6^{3-}$几乎全部因电解转变为$Fe(CN)_6^{4-}$而耗尽，即所谓的贫乏效应。当电压扫至－0.15V(f点)处，虽然已经转向开始阳极化扫描，但这时的电极电位仍相当的负，扩散至电极表面的$Fe(CN)_6^{3-}$仍在不断还原，故仍呈现阴极电流，而不是阳极电流。当电极电位继续正向变化

至 $Fe(CN)_6^{4-}$ 的析出电位时，聚集在电极表面附近的还原产物 $Fe(CN)_6^{4-}$ 被氧化，其反应为：

$$Fe(\text{Ⅱ})(CN)_6^{4-} - e^- \rightarrow Fe(\text{Ⅲ})(CN)_6^{3-}$$

这时产生阳极电流(hij)。阳极电流随着扫描电位正移迅速增加，当电极表面的 $Fe(CN)_6^{4-}$ 浓度趋于零时，阳极化电流达到峰值(j 点)。扫描电位继续正移，电极表面附近的 $Fe(CN)_6^{4-}$ 耗尽，阳极电流衰减至最小(k 点)。当电位扫至 +0.8V 时，完成第一次循环，获得了循环伏安图。

简而言之，在正向扫描(电位变负)时，$Fe(CN)_6^{3-}$ 在电极上还原产生阴极电流而指示电极表面附近它的浓度变化的信息。在反向扫描(电位变正)时，产生的 $Fe(CN)_6^{4-}$ 重新氧化产生阳极电流而指示它是否存在和变化。因此，CV 能迅速提供电活性物质电极反应过程的可逆性、化学反应历程、电极表面吸附等许多信息。

循环伏安图中可得到的几个重要参数是：阳极峰电流(i_{pa})，阴极峰电流(i_{pc})，阳极峰电位(E_{pa})和阴极峰电位(E_{pc})。测量确定 i_p 的方法是：沿基线作切线外推至峰下，从峰顶作垂线至切线，其间高度即为 i_p(见图 4-6)。E_p 可直接从横轴与峰顶对应处而读取。

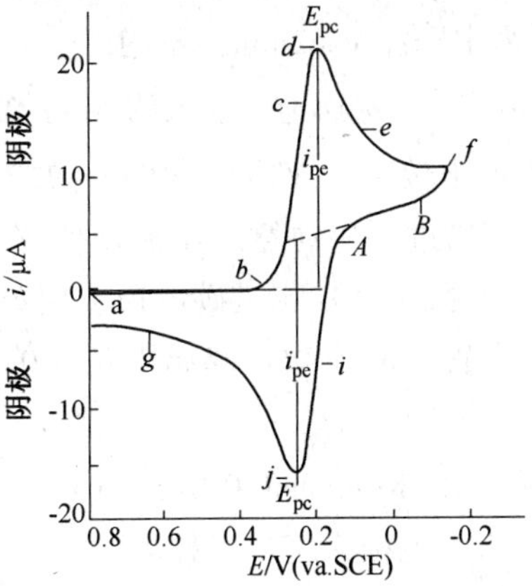

图 4-6　3mol · L⁻¹的 KCl 电解质溶液中，

1×10^{-2}mol · L^{-1}的 $K_3Fe(CN)_6$ 在 Pt 工作电极上反应得到的结果

(扫描速度：50mV · s^{-1}，铂电极面积：2.54mm^2)

对于可逆氧化还原电对，CV 曲线上的两个分支各对应有一个还原峰和一个氧化峰，并对应有还原峰电流 i_{pc}，还原峰电位 E_{pc}、氧化峰电流 i_{pa} 及氧化峰电位 E_{pa}。

对可逆氧化还原电对的式量电位 $E^{0'}$ 和 E_{pc} 及 E_{pa} 的关系可表示为：

$$E^{0'} = \frac{E_{pa} - E_{pc}}{2} \quad (1)$$

两峰之间的电位差值为：

$$\Delta E_P = E_{Pa} - E_{Pc} \approx \frac{0.059}{n} \quad (2)$$

对铁氰化钾电对，其反应为单电子过程，ΔE_p 是多少？从实验求出来与理论值比较。

对可逆体系的正向峰电流，由 Randles - Savcik 方程可表示为：

$$i_p = 2.69 \times 10^5 n^{\frac{3}{2}} A D^{\frac{1}{2}} \nu^{\frac{1}{2}} c \quad (3)$$

式中：i_p 为峰电流，A；n 为电子转移数；A 为电极面积，cm^2；D 为扩散系数，$cm^2 \cdot s^{-1}$；v 为扫描速度，$V \cdot s^{-1}$；c 为浓度，$mol \cdot L^{-1}$。

根据上式，i_p 与 $v^{1/2}$ 和 c 都是直线关系，对研究电极反应过程具有重要意义。在可逆电极反应过程中，$\frac{i_{pa}}{i_{pc}} \approx 1$。 (4)

对一个简单的电极反应过程，式(2)和式(4)是判别电极反应是否可逆体系的重要依据。

三、仪器和试剂

（1）仪器：电化学分析系统；玻碳电极为工作电极；饱和甘汞电极为参比电极；铂丝电极为辅助电极；电解池；容量瓶；吸量管。

（2）试剂：$K_3Fe(CN)_6$，$K_4Fe(CN)_6$，KCl，HNO_3，H_2SO_4，无水乙醇。

四、实验步骤

1. 工作电极预处理

将工作电极在麂皮上抛光成镜面(或在6#金相砂纸上轻轻擦拭光亮)，再用超声波依次在1∶1HNO_3、无水乙醇和蒸馏水中洗涤1～2min，备用。

2. 打开微机和电化学分析系统，在电解池中加入约20mL 0.5mol·L^{-1} H_2SO_4溶液，设置以下参数进行循环伏安法扫描：起始电位+1.1V，开关电位−1.2V，扫描速率200mV·s^{-1}，循环次数为20，等待时间2s。在扫描过程中注意观察循环伏安图的变化，直至循环伏安图呈现稳定的背景电流曲线时即可停止扫描，取出玻碳电极、用蒸馏水冲洗干净。

3. 选择线性扫描伏安法。设置实验参数：起始电位+0.5V，终止电位0V，扫描速度5～500mV·s^{-1}，灵敏度合适。

4. 在电解池中加入2mL 3mol·L^{-1}KCl、2mL 0.01mol·$L^{-1}$$K_3Fe(CN)_6$、2mL 0.01mol·$L^{-1}$ $K_4Fe(CN)_6$及14mL蒸馏水，进入三电极系统，搅拌均匀。

5. 选择线性扫描速度分别为20mV·s^{-1}、40mV·s^{-1}、60mV·s^{-1}、80mV·s^{-1}、100mV·s^{-1}、200mV·s^{-1}、400mV·s^{-1}时的线性扫描伏安图，记录线性扫描伏安图，测量各个峰电流、峰电位值。

6. 溶液不变，方法改为循环伏安法，参数选择为：扫描速度50mV·s^{-1}，循环次数为1，其他参数不变，记录伏安图，测量阴极电流和阳极电流，并保存数据。

7. 设定循环次数为4，记录循环伏安图，并保存数据。

五、数据处理

（1）根据实验步骤5的结果，制作 $i_{pa}-V^{1/2}$、$E-V$ 曲线，如是直线关系，求出直线方程、斜率和相关系数。

（2）根据循环伏安曲线计算 i_{pa}/i_{pc} 的数值，并求出式量电位 $E^{0'}$ 和电子转移数 n 值。

（3）观察连续循环伏安曲线，各圈曲线中的峰电流有何规律，并解释原因。

六、注意事项

（1）在玻碳电极电化学预处理中，如发现循环伏安图上有峰形电流出现，或者背景电流很大，则需要重新进行机械抛光处理和电化学预处理步骤。

2. 每次更换电解液前，必须用蒸馏水将电极和电解池冲洗干净并用滤纸擦干。

七、思考题

（1）如何根据循环伏安曲线判断电极反应的可逆性？

（2）由 $K_3Fe(CN)_6$ 和 $K_4Fe(CN)_6$ 的循环伏安曲线解释它们在电极上的反应机理。铁氰化钾的 E_{pa} 对其相应的 v 是什么关系？

实验4－4　微分脉冲伏安法测定维生素C片中抗坏血酸含量

一、目的要求

（1）了解微分脉冲伏安法的基本原理和操作技术；

（2）掌握抗坏血酸的测定方法。

二、基本原理

脉冲极谱法是为了降低充电电流和毛细管噪声电流等的影响而发展起来的新方法，包括常规脉冲极谱和微分脉冲极谱等。与经典直流极谱法相比，脉冲极谱法分析速率快，灵敏度和分辨率高，是目前广泛采用的电化学分析方法。

抗坏血酸是人体必需的维生素之一，又名维生素C。抗坏血酸在电极上可发生如下不可逆电化学反应：

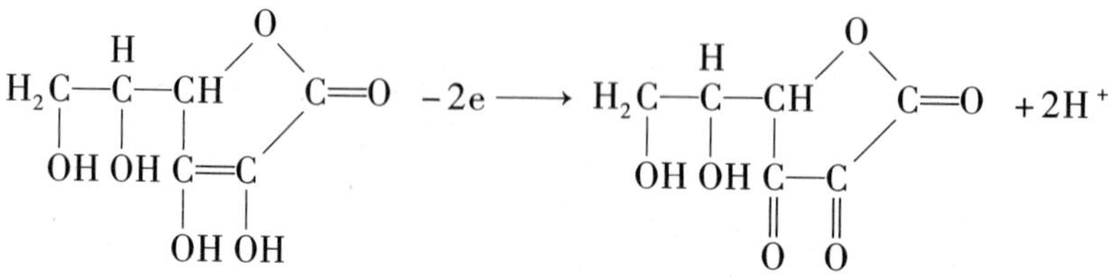

此反应可以在电极上产生氧化电流。在微分脉冲伏安图中呈现出峰形曲线，其峰电流与抗坏血酸浓度成正比关系，由此可以作为定量测定抗坏血酸的依据。

三、仪器与试剂

（1）仪器：CHI电化学工作站；铂圆盘电极为工作电极；饱和甘汞电极为参比电极；铂丝电极为辅助电极；电解池；研钵一个；25mL容量瓶6只；吸量管1mL、5mL；25mL烧杯。

（2）试剂：抗坏血酸标准溶液2.0g(临用前配制)，H_2SO_4溶液$0.5mol \cdot L^{-1}$，维生素C片(市售)。

四、实验步骤

1. 仪器设定及电解池安装

打开计算机和工作站电源开关，在主控界面中选择“线性扫描技术”－“循环伏安法”。将电极插入电解池中，接好电极引线。

2. 铂圆盘电极的预处理

将铂圆盘电极在6#金相砂纸上抛光成镜面，用蒸馏水冲洗干净，插入电解池中。然后在电解池中加入约20mL $0.5mol \cdot L^{-1}$ H_2SO_4溶液，以下述参数进行循环伏安法扫描：初始电位+1.4V；开关电位－0.3V；扫描速率$200mV \cdot s^{-1}$，循环次数暂定为100；等待时间2s。

在扫描过程中注意观察循环伏安图的变化，直至循环伏安图呈现稳定的背景电流曲线时即可停止扫描，取出铂圆盘电极，用蒸馏水冲洗干净。

3. 抗坏血酸标准曲线的绘制

分别取 0.5mL、1.0mL、2.0mL、3.0mL、5.0mL 2.0g · L^{-1} 抗坏血酸标准溶液加入 25mL 容量瓶中，再加入 0.5mol · L^{-1} H_2SO_4 溶液 5.0mL，用蒸馏水稀释至刻度，摇匀。

将配置好的抗坏血酸标准溶液依次加入电解池中。在主控界面中选择“方法”—“脉冲技术”—“微分脉冲伏安法”，选择下述参数进行测定，记录每一个标准溶液的峰电流值：初始电位 0V；终止电位 1.0V；电位增量 20mV；脉冲幅度 50mV；脉冲宽度 0.05s；脉冲间隔 2s；等待时间 2s。

4. 维生素 C 片中抗坏血酸的测定

取一片维生素 C 片，在研钵中充分研磨成粉状，准确称取维生素 C 粉末 0.2 ~ 0.3g，置于 25mL 小烧杯中，加少量蒸馏水溶解，然后定量转移至 25mL 容量瓶中，再加入 0.5mol · L^{-1} H_2SO_4 溶液 5.0mL，用蒸馏水稀释至刻度，摇匀。

将样品溶液倒入电解池中，同上述步骤 3 进行测定，记录峰电流值。

5. 清理实验台

退出主控程序，关闭工作站电源及计算机电源，断开电极引线，用蒸馏水清洗电极及电解池。

五、数据结果

根据所得数据绘制抗坏血酸标准曲线，从标准曲线上查得样品中抗坏血酸浓度，计算维生素 C 中抗坏血酸含量，与标示值进行对比。

六、注意事项

（1）在铂工作电极电化学预处理中，若发现循环伏安图上有异常电流出现，或者背景电流很大，则需要重新进行机械抛光处理和电化学预处理步骤。

（2）抗坏血酸溶液在空气中易氧化变质，不宜保存，因此需要在使用前配制。

七、思考题

（1）微分脉冲极谱法与普通直流极谱法相比有什么特点？为什么微分脉冲极谱法的灵敏度要比直流极谱法高很多？

（2）抗坏血酸标准溶液为什么要在临用前配制？

第 5 章　原子发射光谱法

在原子发射光谱法(Atomic Emission Spectrometry，AES)中，将试样引入分析间隙，当外界提供足够能量时，试样被蒸发分解成气态原子(或离子)，并使部分气态原子(或离子)受激发而跃迁至较高能级的激发态。处于激发态的原子(或离子)很不稳定，当其跃迁至较低能级或基态时，释放出能量而发射出各种不同波长的特征光辐射，经光谱仪色散并记录下来得到原子光谱。由于各种元素的原子结构不同，可发射出各自特征的原子光谱，辨认特征波长谱线的存在与否，可进行元素的定性分析。特征谱线的强度与该元素的浓度有关，测量特征谱线的强度即可进行定量或半定量分析。

发射光谱分析是一种快速、简便、灵敏、可靠的分析方法，突出的优点是：一般样品无需任何预处理，可同时进行多种元素的分析，这是其他方法所不能比拟的；取样量少，一般只需数毫克至数十毫克。然而应用常用光源进行 AES 法定量分析时，实验条件苛刻，某些条件往往难以控制，影响分析结果的准确度。当然如采用 ICP－AES 法进行定量分析，则定量准确度可与 AES 法媲美。

发射光谱分析法是十分方便的定性和半定量分析方法，该分析方法主要用于金属元素的分析(约 70 多种元素)。它已普遍应用于矿物、金属、材料等试样中的杂质分析。在进行定量分析时该方法具有选择性高、检出能力好、由于每种元素都有一些可供选用而不受其他元素谱线干扰的特征谱线，只要正确地选择分析条件就可以获得准确可靠的分析结果。经典光源的检出限可达 $0.1 \sim 10\mu g \cdot g^{-1}$，电感耦合等离子体(ICP)的检出限可达 $ng \cdot mL^{-1}$。对于低含量成分的测定，具有较高的精密度。在一般情况下，经典光源的相对标准偏差为 5%～20%，ICP 的相对标准偏差一般可以在 1% 以下。但该方法也存在一些问题为：①经典分析中影响谱线强度的因素较多，尤其是试样组分的影响较为显著，所以标准参比的组分要求较高；②样品含量(浓度)较大时，准确度较差；③只能用于元素分析，不能进行结构、形态的测定；④大多数非金属元素难以得到灵敏的光谱线。

实验 5-1 AES 法摄谱试样预处理、摄谱技术与暗室处理

一、目的要求

(1) 掌握摄谱试样的预处理方法；

(2) 学习显影与定影液的配制；

(3) 学会暗室处理；

(4) 掌握摄谱仪摄谱的基本操作技术。

二、基本原理

(1) 试样在外界能量的作用下转变成气态原子，并使气态原子的外层电子激发至高能态。当从较高的能级跃迁到较低的能级时，原子将释放出多余的能量而发射出特征频率的谱线。对所产生的辐射经过摄谱仪的分光系统和投影系统至投影屏上，得到按不同波长顺序排列的光谱，把这种光谱记录在感光板上，经暗室处理就可呈现出有规则的谱线条，即光谱图。然后根据所得光谱图进行定性鉴定或定量分析。

(2) 样品引入分析间隙的方法视其性质及分析要求而定。

三、仪器及试剂

(1) 31W-I、31W-II 摄谱仪；

(2) WPF 电弧火花发生器；

(3) 31W 曝光时间控制器、光谱纯石墨电极及铁电极(ϕ6~8mm)、天津紫外 II 型感光板、金属镊子、手套；

(4) 显影液、停影液、定影液、酒精。

四、实验步骤

1. 样品预处理

(1) 固体非导体试样

利用辅助电极的方法进行测定：将样品磨细过 200~300 目筛加光谱载体缓冲剂和内标物后装入辅助电极(光谱石墨电极)后摄谱，亦可压片后测定。

(2) 金属导电样品

加工成 ϕ6~8mm 的电极，用自电极法测定。粉状金属，用压片法或直接装入石墨电极小孔内进行摄谱。

(3) 植物样品的处理

① 压片法：两份植物干样加一份 $LiCO_3$ 加六份石墨粉，混匀压片。

② 干法灰化法：120℃马弗炉中灰化后加光谱缓冲剂后引入分析间隙。

③ 湿法消解：用(4:1)~(10:1)的 HNO_3 和 $HClO_4$ 浸泡后微热消解，加热近干后用 1% 硝酸盐定容后用干渣法测定。

④ 溶液样品：用干渣法或转装电极法测定。干渣法：将溶液滴入经防水处理的直径为

6mm 的平头石墨电极上，经红外灯烘干后摄谱。

2. 感光板的准备与暗室处理

（1）感光板的裁剪和装盒：在暗室内暗红灯下放在光滑的切板架上，乳胶面向下，用玻璃刀裁取所需尺寸。

注意：① 为防止划破乳面，最好在切板架上铺一层洁净光滑的纸。

② 玻璃刀一次性单向切割玻璃表面，不能用力过猛，也不能在同一位置上连割两次，以免损伤刀刃，然后在切割处向下折断玻璃，再返向折断乳面。

③ 拿板时手指不能触及乳剂面，以免留下痕迹。然后将感光板感光层(乳剂面)朝下装入暗盒，覆盖上黑色塑料板，关盖，拧紧。并检查暗盒挡板是否插紧(余下的谱板用黑纸包好、避光、干燥、冷藏)。

（2）显影液的配制(按天津紫外型感光板附方配制)

取蒸馏水($T<50℃$)700mL 于大烧杯中，用药物天平称取米吐尔 1g、无水亚硫酸钠 26g、对苯二酚 5g、无水碳酸钠 20g、溴化钾 1g，按称量顺序依次将药品溶入水中，然后定容至 1000mL，储于棕色瓶内，贴签备用。

（3）停影液：15mL 冰醋酸加水至 1000mL。

（4）定影液的配制(按天津紫外型感光板附方配制)：取水 700mL($T<50℃$)、硫代硫酸钠 240g、无水亚硫酸钠 15g、冰醋酸(98%)15mL、硼酸 7.5g、钾明矾 15g、加水至 1000mL，按称量顺序逐一将药品溶解，装入白色试剂瓶，贴签备用。

注意：① 加入试剂顺序不能颠倒。

② 等前一试剂溶解后再加后一试剂。

③ 配制定影液时，加入冰醋酸一定要稀释后边搅拌边加入，以防止硫代硫酸钠分解。

④ 硼酸可用少量热水溶解后再加入，亦可用硼砂取代。

（5）感光板的冲洗(暗室处理)：

① 准备三个搪瓷盘，分别倒入显影液、停影液、定影液调节显影液温度为(20 ±1)℃。

② 显影及定影：在暗红灯下将感光板从暗盒中取出，乳剂面向上放入显影液，轻轻摇动搪瓷盘，显影 4 ~6min，取出谱板放在停影液中 1min，然后放在定影液中定影 10min，取出用自来水流水淋洗 15min，放在感光架上凉干，待用。

注意：

① 在暗室中进行(暗红灯)。

② 用自来水淋洗时，不能直接淋洗在乳剂面上。

③ 注意温度与时间。

④ 谱片宜自然干燥，如需快速干燥则可在酒精中浸一下，后用冷风吹干，切忌热风，以免乳剂软化起皱而损坏。

3. 摄谱仪的摄谱技术

（1）电极的加工：上电极可用卷笔刀将 ϕ6mm 的电极一头卷成锥形。下电极用小车床加工成电极一头凹形状。

（2）摄谱条件的选择：

① 根据分析对象及要求，选择合适的激发光源。

② 光源电学参数：选择光谱仪参数：中心波长(调节光栅)、光谱仪自准焦距(视室温)、光栅－闪耀波长、光栅常数(衍射线次)。

③ 中间光栏。

④ 哈特曼光栏。

⑤ 电极材料及形状。

⑥ 狭缝宽度。

⑦ 曝光时间。

⑧ 板移位置。

(3) 仪器操作步骤：开启光源开关及选择光源类型与参数→将装有感光板的暗盒装于光谱仪→开启时间控制器→样品引入分析间隙→调节仪器参数→拉出暗盒挡板→摄谱→(进行暗室处理)显影→停影→定影→水洗→干燥→贴签备用。

五、注意事项

(1) 谱片不能漏光。

(2) 狭缝不要关至零(以免损坏)。

(3) 带工作镜及手套，用镊子夹电极，开排风机。

(4) 先装上电极后装下电极(防止样品玷污)。

(5) 注意操作安全。

(6) 摄谱完毕，关闭电源，装上狭缝盖子及暗箱防护玻璃，取下废电极，关闭控制器电源及摄谱仪电源。

六、思考题

(1) 配制定影液时为何将冰醋酸稀释后才能加入？

(2) 怎样正确安装调整摄谱仪？

实验5－2　原子发射光谱定性分析

一、目的要求

（1）了解原子发射光谱仪工作原理及使用方法；

（2）掌握发射光谱分析方法的摄谱、感光板的安装、冲洗感光板及石墨电极制作等操作技术；

（3）掌握用铁光谱比较法定性判断未知试样中所含的元素，并估计其大致含量。

二、基本原理

由于各种元素的原子结构不同，因此当其受激发后，每一种元素的原子只能辐射出其特定波长的光谱线，它代表了元素的特征，这是发射光谱定性分析的依据。

然而每种元素发出的谱线很多，有的几十条，有的几百条，有的多达几千条，但在光谱定性分析中不必检查所有的谱线，而只需根据待测元素的几条(一般2～3条)最后线(当元素的含量降低时，光谱中强度弱的谱线相继不能被检出而消失，最后消失的几条谱线叫做最后线，即灵敏线)或特征谱线组，即可判断该元素存在与否(特征谱线组，往往是一些元素的双重线、三重线、四重线、五重线等，他们并不是最后线，因此在低含量时，在光谱中不能找到，但由于特征谱线组易于辨认，且一组谱线同时受到干扰的几率较小，因而用它的特征谱线组就足以判断该元素的存在了)。表5－1列出了各种元素波长在228.0～460.0nm内的重要分析线，供定性分析时使用。

表5－1　各种元素的重要分析线

元素	分析线波长/nm			
Ag	328.07	338.29		
Al	309.27	308.22	394.40	3961.15
As	228.81	234.98	278.02	
Au	242.80	267.60		
B	249.68	249.77		
Ba	455.40	493.41		
Be	234.86	313.04	313.11	332.13
Bi	306.77	289.80		
C	247.86			
Ca	393.37	396.85	422.67	
Cd	228.80	326.11	340.37	
Ce	429.67	413.77		
Co	340.51	345.35	346.58	
Cr	425.44	427.48	428.97	

续表

元素	分析线波长/nm			
Cs	455.54	459.32	(852.11)	(894.35)
Cu	324.75	327.40		
Dy	313.54	389.85		
Er	326.48			
Eu	272.78			
Fe	248.33	259.94	302.06	
Ti	308.80	334.90	337.28	
Tl	351.92	276.79	322.98	
Tm	286.92			
U	424.17	424.44		
V	318.34	318.90	318.54	
W	289.65	294.44	294.70	
Y	324.23	437.49		
Yb	398.80	328.99		
Zn	330.26	330.29	334.50	
Zr	327.31	339.20	343.82	349.62
Ga	294.36	287.42		
Gd	301.01			
Ge	265.12	303.91	326.95	
Hf	263.87	264.14	277.34	282.02
Hg	253.65	365.02		
Ho	342.54	345.60		
In	303.94	325.61		
Ir	322.08	292.48		
K	404.41	404.72	(766.49)	(769.90)
La	333.75	433.37		
Li	323.26	(670.78)		
Lu	261.54			
Mg	285.21	279.55	280.27	
Mn	257.61	259.37	279.48	279.83
Mo	313.26	317.04		
Na	330.23	330.30	(589.00)	(589.59)
Nb	313.08	292.78	295.09	
Nd	430.36			
Ni	305.08	341.48		
Os	290.91	305.87		
P	253.40	253.57	255.33	255.49

续表

元素	分析线波长/nm			
Pb	28.031	280.20		
Pd	340.46	342.12		
Pr	422.30	422.53		
Pt	265.95	306.47		
Rb	420.19	421.56		
Re	346.05	345.19	346.47	
Rh	343.49	332.31	339.69	
Ru	343.67	349.89	359.62	
Sb	252.85	259.81	287.79	
Sc	335.37	424.68		
Se	241.35			
Si	251.61	288.16		
Sm	442.43	428.08		
Sn	284.00	286.33	317.50	
Sr	407.77	421.55	460.73	
Ta	268.51	271.47	331.12	
Tb	332.44	322.00		
Te	238.33	238.58	253.07	
Th	283.23	283.73	287.04	

至于其他一些次灵敏线的出现，可不去理会。如该元素存在，那么最后线必然出现；如该元素的最后线不出现，那么次灵敏线就不可能出现；若在次灵敏线的位置上出现了谱线，则可能是由其他元素谱线的干扰而引起的。

事实上，由于试样中许多元素的谱线波长相近。而摄谱仪及感光板的分辨率又有限，在记录到的试样光谱中，谱线会相互重叠，发生干扰。当需要确证某一种元素的分析线是否受到干扰时，首先要判明干扰元素是否存在(可检查干扰元素的最后线是否出现)。当一条分析线确实受到干扰时，可以根据别的分析线来确定该元素是否存在。

定性分析时通常借用一套与所用摄谱仪有相同色散率的元素标准光谱图(图 5 - 1 为其中的一张)，在该图下方，标有按已知波长顺序排列的标准铁谱线和波长标尺，图的上方是各元素在此波段范围内可能出现的分析线，在元素符号下方标有该元素谱线波长，其后的罗马数字Ⅰ、Ⅱ分别表示元素的原子线或离子线。在元素符号的右上角，标有灵敏度的强度级别，灵敏度的强度一般分为 10 级，数字越大，表示灵敏度越高，通常可利用灵敏度的强度级别来估计元素百分含量(一般要求估计准确度在一个数量级之内，见表 5 - 2)和判别有无干扰存在。发射光谱定性分析的方法，通常是将细粒或粉末试样装载在光谱纯石墨电极的孔穴内(棒状金属、合金试样可做成“自电极”)，在电弧或火花光源中，试样的各种组分先后蒸发到弧焰中成为单个原子或离子、分子，并被激发而发光，经光谱仪分解为光谱而被感光板摄下来。用哈特曼(Hartman)光栏，将铁光谱并列拍摄在试样光谱的旁边。因为铁的光谱含有许多相距很近的谱线，且每一根谱线的波长已经精确的测定，可以用作测量元素谱线的标尺。感光板经显影、定影、水洗，凉干后，置于光谱投影仪工作台上，并投影于投影屏，谱线被放大20倍，并使感光板上的铁光谱与元素光谱图片上的铁光谱重合，就可以方便地从元素光谱图上标记的谱线来辨认摄得的试样谱线。

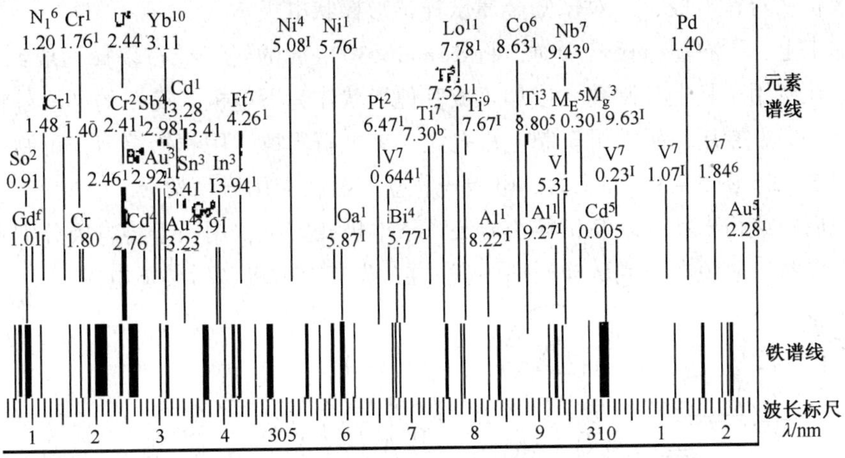

图5－1　元素标准光谱图

表5－2　定性分析结果的表示方法

谱线强度级别	含量(估计范围)/%	含量等级
1	100～10	主
2～3	10～1	大
4～5	1～0.1	中
6～7	0.1～0.01	小
8～9	0.01～0.001	微
10	<0.001	痕

三、仪器与试剂

(1) 感光板：紫外Ⅱ型(天津感光胶片厂)；

(2) 电极：光谱纯石墨电极一对：上电极 ϕ6mm×70mm 圆锥形、下电极 ϕ6mm×70mm 内径3.5mm(见图5－3)。纯铁棒一对。

(3) 样品：金属或合金、粉末样品、陶瓷或矿物等试样。

(4) 显影液、停影液定影液：按天津紫外型感光板附方配制(见实验5－1)。

(5) 暗室定时钟、显影温度计等。

(6) 图谱：1m平面光栅摄谱仪用的《元素发射光谱图》，如图5－1。

(7) 摄谱仪1m或2m光栅摄谱仪，本实验用31W－Ⅰ、31W－Ⅱ平面光栅摄谱仪(上海光学仪器厂)。

(8) WPF－2型交流电弧发生器(天津光学仪器厂)；

WPF－20型交流电弧发生器(天津光学仪器厂)；

31WD曝光时间控制器或秒表。

(9) 光谱投影仪：8W型(上海光学仪器厂)或其他型号。

四、实验步骤

1. 准备电极与试样

（1）准备一对铁电极、一对未知金属试样锥形棒状电极。

（2）加工上、下石墨电极若干对。将 $\phi 6mm \times 300mm$ 的光谱纯石墨棒切成约 40 ~ 50mm 长的小段，在专用车具上车制孔穴或加工成其他形状作为下电极。简单的办法是将手摇钻平放，并固定，夹上专用钻头，可车制电极孔穴。夹上石墨棒，用卷铅笔刀，可制得圆锥形上电极，见图5－2、图5－3。加工后的电极应直立安放在专用样品架上。

（3）把屑粒或粉末状的未知试样小心装入下电极孔穴中，用镊子将电极分别夹在上下电极架上，操作时应避免电极或试样被玷污(注意：先装上电极，后装下电极)。

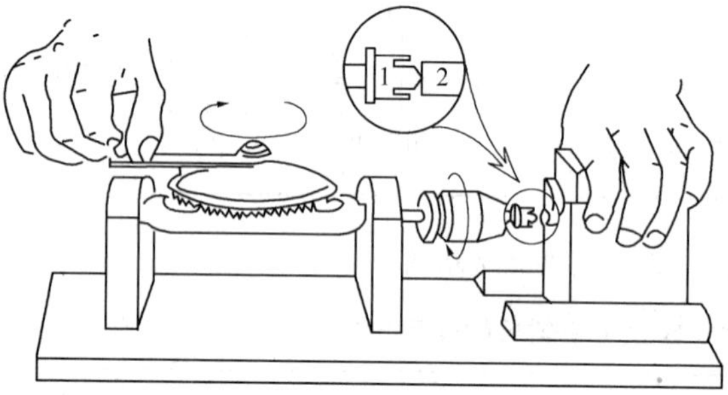

图5－2　电极的加工

1—专用钻头；2—石墨棒

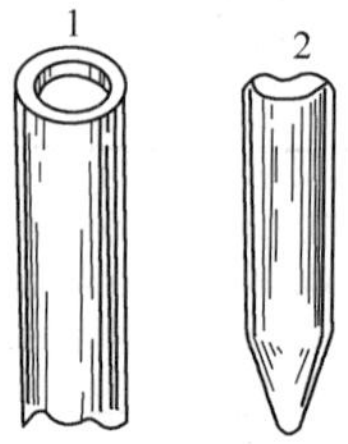

图5－3　石墨电极形状

1—下电极；2—上电极

2. 安装感光板

在暗室的暗红灯下，启封感光板，取出感光板后应随即严密包好。在专门的裁片架上裁割感光板。裁割时，乳剂面朝下，垫以干净柔软的纸张以保护乳剂面，用金刚刀在玻璃面上划痕，折断。裁割成 $90mm \times 240mm$ 或 $45mm \times 240mm$。

开启暗盒后盖，在暗室的暗红灯下观察乳剂面和玻璃面反射光的亮度差异，亮度低的为乳剂面。也可用手指触摸感光板两面的边缘，粗糙面为乳剂面。感光板装入暗盒时，应乳剂面朝下，覆上黑色塑料板，并立即关好暗盒后盖，同时检查挡板是否关紧。

3. 接通交直流电弧发生器电源，按 WPF－2 型低压交流电弧发生器操作步骤操作：

（1）在接通电源前，将滑线电阻手轮 14(图5－4，下同)顺时针方向旋转至最大；把电流调节 I 手柄 3 和 II 手柄 6 均顺时针方向旋转至最大。

（2）接通电源，揿“低压”开关 2，指示灯 4 亮，表明有 220V 交流电输入低压放电回路。

（3）揿电弧火花 I 按钮 13。

（4）揿电弧电流选择按钮 11“6A 以上”键。

（5）揿高压开关 1“开”，高压指示灯 8 亮，此时分析电极间隙 G_2 立即燃弧，激发开始，随即观察电流表 7 指示的电流值，若不指在所要求值，迅速旋转滑线电阻手轮 14 调节之。

（6）根据曝光时间要求，揿高压开关“关”，电弧立即熄灭。为了安全起见，一般发生器上装有 24V 插座，供连接遥控开关使用，其输出插座在发生器右侧。

（7）若按以上操作不能燃弧，可适当调节电流调节 I、II 的粗、细旋钮和辅助放电盘距离。

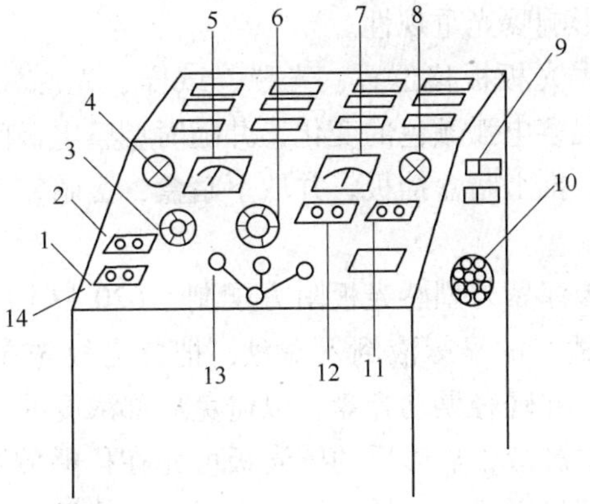

图 5－4　WPF－2 型低压交流电弧发生器

1—高压开关；2—低压开关；3—电流调节 I 手柄(粗调)；4—电源指示灯；
5—电流表；6—电流调节 II 手柄(细调)；7—电流表；8—高压指示灯；9—输出指示灯；
10—辅助指示灯；11—电流电弧选择按钮；12—电弧火花选择按钮；
13—电弧火花 I 按钮；14—滑线电阻手轮(于左侧面)

4. 调节摄谱仪的工作条件

本实验的中心波长是 320nm。

31W－Ⅱ光谱仪：光栅 600 条/mm，闪跃波长 300nm，光栅台的转角 5.51 度，狭缝倾角 3.24°，调焦位置为 16.8mm(室温为 20℃±2℃)，但数据因不同仪器而定，并随室温而变)。中间光栏 3.2mm；狭缝宽度调节至 6～8 μm。

31W－Ⅰ光谱仪：光栅 1200 条/mm，闪跃波长 320nm，光栅台的转角 11.07 度，狭缝倾角 3.24°，调焦位置为 17.1mm(室温为 20℃±2℃)，(但数据因不同仪器而定，并随室温而变)。中间光栏 3.2mm；狭缝宽度调节至 6～8 μm。

5. 摄谱

将暗盒固定在摄谱仪上，抽出暗盒挡板。在哈特曼光栏的比较光栏 H、I、J、K、L、M、N、O(哈特曼光栏的观察窗，标有如"M"字)旋转至摄谱仪的狭缝前，拍摄铁，可摄得一列铁光谱，直流电弧用 4～6A，曝光时间 Fe 为 8～10s。旋转光栏窗口(逆时针方向)即(L)位置拍摄试样。曝光约为 90～120s(视试样性质而定，并粉末样品应试样燃尽)。

摄谱程序：

板移位置	哈特曼光栏	狭缝宽度/μm	样　品	光　源	电流/A	曝光时间/s
10	H	6～8	空白石墨电极	A.C	4～6	90～120
	I	6～8	样品 1 号	A.C	4～6	90～120
	J	6～8	样品 2 号	A.C	4～6	90～120
	K	6～8	Fe 棒	A.C	4～6	8～10
	L	6～8	样品 3 号	A.C	4～6	90～120
	M	6～8	Fe 棒	A.C	4～6	8～10
	N	6～8	样品 4 号	A.C	4～6	90～120
	O	6～8	Fe 棒	A.C	4～6	8～10

注意：旋转光栏窗口可随意(H～O)，但试样必须摄在 Fe 谱上面也可以 I～N 摄 1～6 号样品，O 摄 Fe 谱)。在拍摄过程中，因曝光时间较长，弧烧时电极损耗，极距被拉大，可用万用电极架随时调整上下电极距离；在弧烧时，弧光游移不定，必须及时转动电极架，把弧

光调整到光栏内，否则将影响曝光重现性。

做好摄谱记录，包括感光板板移位置、光栏、试样、光源种类及电流大小、曝光时间等。弧烧试样时，应注意观察电弧颜色的变化，并随时调整电极间距。

摄谱结束，切断电源，推上暗盒挡板。并取下暗盒，去暗室中冲洗感光板。

6. 感光板的冲洗

（1）显影：显影液按天津紫外型感光板附方配制，(20 ±1)℃时，在暗室的暗红灯下显影6min。显影操作时先将适当的显影液倒入瓷盘，把感光板先在水中稍加湿润。然后，乳剂面向上浸没在显影液中，并轻轻晃动瓷盘，以避免局部浓度的不均匀。

（2）停影：为了保护定影液，显影后的感光板可先在稀醋酸溶液(每升含冰醋酸15mL)中漂洗，或用清水漂洗。使显影停止。然后浸入定影中。停显操作也应在暗红灯下进行。在18 ~25℃时，漂洗1min左右。

（3）定影：定影液按天津紫外型感光板附方配制，(20 ±2)℃。将适当的定影液倒入另一瓷盘，乳剂面向上浸入其中。定影开始应在暗红灯下进行，15s后可开白炽灯观察。新鲜配制的定影液约5min就能观察到乳剂通透(即感光板变得透明)。定影时间是通透时间的二倍。

（4）水洗：定影后的感光板需在室温的流水中淋洗15min以上。淋洗时，乳剂面向上，充分洗除残留的定影液。否则谱片在保存过程中会发黄而损坏。

（5）干燥：谱片应在干净的架上自然晾干。如需快速干燥，可在酒精中浸一下，再用冷风机吹干。乳剂面不宜用热风吹，30℃以上的温度会使乳剂软化起皱而损坏。

显影、定影完毕后，随即把显影液和定影液倒回储存瓶内。

7. 查谱(译谱)

熟悉8W－WTY型光谱投影仪的使用方法。用1m光栅光谱图进行查谱，查阅波长范围为230 ~410nm。

8W－WTY光谱投影仪的操作步骤如下：

（1）把冲洗凉干的谱片置于工作台5(见图5－5，下同)上，放置时应将谱片的乳剂面朝上，而且把波长短的一端置于工作台右边，以便与元素标准光谱图的波长方向一致。

（2）打开平面反射镜保护盖18，注意切勿用手指触及镜面。

（3）接上电源，打开电源开关(位于右侧)，12V、50W灯泡亮，此刻在光谱投影屏上可看到被放大20倍左右的光谱。

（4）若光谱线模糊不清，旋转焦距手轮1或11。

（5）旋转纵横向驱动手轮9、10，使要看的光谱部分移动到投影屏上最佳位置。

（6）把元素标准光谱图的铁谱，与投影屏上呈现的铁光谱线查对重叠，然后再查看试样光谱中有哪些元素谱线与元素标准光谱图上元素谱线相重叠，即检出可能有该元素存在，再依次于各波段上进行查对，最后对所获得的元素谱线进行判断，确定可能存在的元素和进行半定量分析。

（7）实验完毕，关闭电源开关，盖上平面反射镜上保护盖，取出谱片，拉上布帘。

（8）若灯丝烧毁，旋松灯丝调节螺钉12、13，取下灯座14，更换灯泡，然后把透镜2移入光路，此时在投影屏上若看到两个灯丝图象，则调节螺钉12、13，使两个灯丝图象完全重叠，调整即告结束。

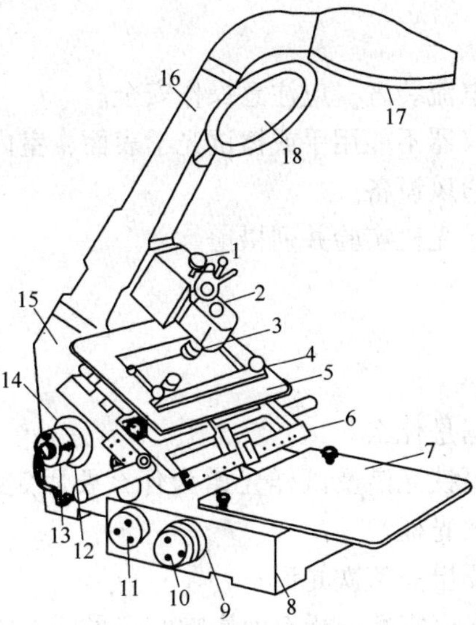

图 5-5　8W-WTY 型光谱投影仪

1—手轮；2—透镜；3—投影物镜；4—螺钉；5—工作台；6—标尺；
7—投影屏；8—底座；9、10—纵横向驱动手轮；11—调焦手轮；
12、13—灯丝调节螺钉；14—底座；15—三角架；16—立柱；
17—反射镜；18—平面反射镜保护盖

五、数据及处理

1. 记录实验条件

(1) 摄谱仪型号；

(2) 光栅；

(3) 中心波长；

(4) 摄谱仪狭缝；

(5) 电弧电流；

(6) 电极距离；

(7) 曝光时间；

(8) 感光板规格；

(9) 上、下电极规格；

(10) 显影时间及温度；

(11) 定影时间及温度。

2. 列出查谱结果，确定未知试样中的元素及其含量范围。

试样名称	查得元素	谱线波长及其强度级别	估计含量范围/%

六、注意事项

(1) 激发光源为高压高电流装置，应注意操作安全。

(2) 实验中使用的光学仪器不能用手或擦试光学表面，室内应保持干燥、清洁。

(3) 开始摄谱前先打开通风设备。

(4) 定性分析时用哈特曼光栏实验并列摄谱。

(5) 粉末样品必须燃尽。

七、思考题

(1) 光谱定性分析的依据是什么？

(2) 在定性分析中，拍摄铁光谱及试样光谱为什么要固定感光板的板移位置而移动光栏，而不是固定光栏而移动感光板？

(3) 试样光谱旁为什么要摄一条铁光谱？

(4) 摄谱仪狭缝宽度对光谱定性分析有何影响？应采用怎样的狭缝宽度？

(5) 哪些操作可能引起误检或漏检？

(6) 根据什么原则选择光源、摄谱仪的参数？

(7) 你是如何确定样品组成的？样品中有哪些可疑元素？为什么可疑？举例说明。

实验5－3 试样中Si、Mg、Ca、Na、Zn等元素的半定量分析——谱线呈现法

一、目的要求

（1）明确显线法的基本原理和方法；

（2）初步掌握谱线的黑度和显现谱线的多少与元素浓度之间的联系；

（3）确定样品的基本组成。

二、基本原理

显线法是基于被测元素的谱线数目和强度与欲测元素的含量有关，当低含量时，仅有几条最灵敏线显现（谱线的黑度最低值大于背景黑度的三倍时，此根谱线计算成立）。

随着试样中含量逐渐提高，次灵敏线也逐渐出现，在适当条件下，将已知的不同浓度的样品摄谱，按显现的谱线和强度编写成《谱线表》，分析样品时，以同样条件摄谱利用译谱法查找出现的谱线和大致黑度与《谱线表》对照就能确定样品的大致含量。译谱时的估量误差很大，尤其初次估量者，显线法估量的正确度在50%左右（视仪器的稳定性和操作的熟练程度）。

本法由于不需同时对标准样品摄谱（有时仅用一个标准样校正即可），所以快速、可靠。

三、仪器与材料

（1）摄谱、译谱时所用的仪器与实验5－1、5－2相同。

（2）标样：一套Si、Mg、Ca、Na、Zn含量分别为1%、0.3%、0.1%、0.03%、0.01%、0.003%、0.0001%。

（3）Si、Mg、Ca、Na、Zn的谱线呈现表。

（4）元素发射光谱图。

（5）石墨电极。

四、实验步骤

（1）将欲分析样品摄谱，译谱（同实验5－2，其中狭缝为8 μm）；

（2）将所得某元素的谱线与该元素的《谱线呈现表》对照；

（3）确定样品中该元素的含量。

五、数据及处理

（1）记下样品中Si、Mg、Ca、Na、Zn的谱线；

（2）样品中Si、Mg、Ca、Na、Zn的含量；

（3）记录。格式如下表：

样品名称	查得元素	谱线波长/nm	估计含量/%

六、注意事项

(1) 试样与标样的组成尽量相似。

(2) 试样与标样的摄谱条件要一致。

七、思考题

(1) 发射光谱有哪些半定量分析法?

(2) 简述谱线呈现法的优缺点。

(3) 哪些因素影响谱线呈现法的正确度?

(4) 为什么样品与标样(1 ~ 2 个)同时摄谱时，能提高谱线呈现法的正确度?

八、附表

附表 1　Mg 的谱线呈现表

检测线波长/nm	检测量/%	干扰情况
285.21	0.0001 ~ 0.001	Fe、Na、Zr
279.55	0.001	Fe、Cr
280.27	0.001 ~ 0.01	
277.98	0.03	
277.67	0.1	Mg 谱线组
277.83		
278.14		
278.30		
279.08	0.3	Mn > 3%
291.50	1 ~ 3	当 Mg > 10% 时， 在 Fe266.79 ~ 267.32 出现黑影

附表 2　Si 的谱线呈现表

检测线波长/nm	检测量/%	干扰情况
288.16	0.001	Cd288.07 强线，Ni 弱线
251.61	0.001	Mo、Zn
250.69	0.003	Co、V
243.52	0.03	Zr、V
243.88	0.3 ~ 1	W
256.86	>5	Al　5%

附表 3　Zn 的谱线呈现表

检测线波长/nm	检测量/%	干扰情况
334.50	0.005	Mn、La、Mo、Zn、Ca
330.26	0.003 ~0.01	Na、Mn
330.29		Fe、Ti
328.23	0.01	
334.56		
277.10	0.1	W
277.09	0.05 ~0.3	W
303.58	0.3	
275.65		
301.84	1 ~3	
250.99	>3	
271.25	3	
213.86	0.001 ~0.003	Cu0.3%、Fe

附表 4　Na 的谱线呈现表

检测线波长/nm	检测量/%	干扰情况
589.00	0.0003 ~0.0001	
589.59	0.0003 ~0.0001	
330.23	0.03 ~0.1	
330.29	0.03 ~0.1	Zn >0.03%
285.28	0.3	
285.30	0.3	
268.03	⩾1	
268.04	⩾1	

附表 5　Ca 的谱线呈现表

检测线波长/nm	检测量/%	干扰情况
396.85	0.001 ~0.0001	V、Co、Cr、Zr、U
393.37	0.001 ~0.0001	
317.93	0.03	
315.88	0.03 ~0.1	
318.13	0.3	
299.73	0.5	KCl 中 0.1%
239.86	1 ~3	KCl 中 0.3%
272.17	>5	KCl 中 1%

实验5-4 原子发射光谱定量分析
黄铜中Fe、Al、Sb、Bi等元素的定量分析

一、目的要求

(1) 了解光谱定量分析的原理及三标准试样法的定量方法；

(2) 学会测微光度计的使用；

(3) 加深理解谱线黑度与试样浓度之间的相互关系，明确三种标尺的特性及应用。

二、基本原理

光谱定量分析是根据试样中欲测元素的谱线强度来确定该元素在试样中的浓度，即赛伯-罗马金公式：$I = aC^b$

式中 I——谱线强度；

C——元素浓度；

a——与试样的蒸发、激发过程和试样组成有关的常数；

b——自吸系数谱线：无自吸时 $b=1$，有自吸时 $b<1$。

由于 a、b 随被测元素含量及实验条件(如蒸发、激发条件，取样量，感光板特性，显影条件等)的改变而变化，这种变化往往很难完全避免，所以在实际分析中常采用内标法来消除工作条件的变化对实验结果的影响。内标法原理如下：

在被测元素中选一根分析线，在基本元素(或定量加入的其他元素)中选一根与分析线均称的谱线作内标线(又称比较线)组成分析线对，内标法就是测量这一分析线对的相对强度来进行定量分析的，这样可以使谱线强度由于光源波动而引起的变化得到补偿。即：

$$R = \frac{I_x}{I_s} = \frac{a_x c_x^{\ b_x}}{a_s c_s^{\ bs}} = AC^b$$

$$\lg R = b\lg C + \lg A$$

此即为内标法的基本公式。

当然用内标法定量时，应注意内标元素与分析线对的选择，当用摄谱内标法进行光谱定量分析时，得到的是谱线的黑度，而谱线黑度(S)与辐射强度、浓度、曝光时间、感光板的乳剂特性及显影条件等有关。如果其他条件固定不变，则感光板上谱线的黑度仅与照射在感光板上的辐射强度有关。当分析线对的黑度值落在乳剂特性曲线的正常曝光部分时(亦即光谱分析的常用部分)，黑度 S 与曝光量 H 之间的关系为：

$$S = \lg\alpha(\lg H - \lg H_i) = \gamma(\lg H - \lg H_i) = \gamma\lg H - i \quad (\gamma\text{为乳剂})$$

而 $H = E.t \quad E \propto I$ （E 为照度）

故：$S = \gamma\lg It - I$

则内标法中分析线对的黑度为：

$$S_a = \gamma_a \lg I_a t_a - i_1$$

$$S_s = \gamma_s \lg I_s t_s - i_2 S_s$$

因为在同一感光板上，曝光时间相同，即 $t_a = t_s$。当分析线对的波长、强度、宽度相近，且其黑度值落在乳剂特性曲线的直线部分时：$\gamma_a = \gamma_s = \gamma \quad i_1 = i_2$则

$$\Delta S = S_a - S_s = \gamma \quad \lg \frac{I_a}{I_s} = \gamma \lg R = \gamma b \lg C + \gamma \lg A$$

式中 I_a、S_a——分析线的强度和黑度；

I_S、S_s——内标线的强度和黑度；

C——分析试样的浓度；

γ——乳剂的反衬度。

上式即为摄谱内标法进行定量分析的基本关系式。由此可见，在一定条件下，分析线对的黑度差与试样中该组分的含量 C 的对数成线性关系。

配制三个以上的标样，每个标样及试样分别摄谱三次，测量分析线对的黑度值，以ΔS为纵坐标，$\lg C$ 为横坐标制作工作曲线，测出试样中欲测元素分析线对的黑度差值，从工作曲线上求出试样中欲测元素的含量。此法亦称为三标准试样法。

三、仪器及试剂

(1) 31*W*－Ⅰ或 31*W*－Ⅱ平面光栅摄谱仪(同实验 5－2)；

(2) 8*W* 型光谱投影仪(同实验 5－2)；

(3) 9*W* 型测微光度计(见图 5－8)；

(4) 紫外Ⅰ型或Ⅱ型感光板；

(5) 黄铜棒状光谱标样一套及棒状铜样品；

(6) 显影液、定影液(同实验 5－2)；

(7) 元素光谱图一套。

四、实验步骤

(1) 准备标样及试样，将棒状样品加工成一头成圆锥形；

(2) 感光板(同前)；

(3) 摄谱条件(准备同前，参数如下)；

光栅：600 条/mm(31－W Ⅱ)，1200 条/mm(31－W Ⅰ)；

中间光阑：2. 5mm；

中心波长：300. 0nm；

狭缝宽度：15 μm；

狭缝倾角：3. 24(31－W Ⅱ)，5. 8(31－W Ⅰ)；

曝光高度：2mm；

焦距：随室温而定；

光源：交流弧光发生器 6A；

激发：预燃 10s，曝光 60s。

(4) 摄谱程序(见下表)：

NO	板盒位置	光阑	样品号	电源电流	预燃时间/s	曝光时间/s
1	10	2	Fe 棒	AC－6A	0	5
2	12	2	标样 051	AC－6A	10	60
3	14	2	标样 051	AC－6A	10	60
4	16	2	标样 051	AC－6A	10	60
5	19	2	标样 052	AC－6A	10	60
6	21	2	标样 052	AC－6A	10	60
7	23	2	标样 052	AC－6A	10	60
8	26	2	标样 053	AC－6A	10	60
9	28	2	标样 053	AC－6A	10	60
10	30	2	标样 053	AC－6A	10	60
11	33	2	标样 054	AC－6A	10	60
12	35	2	标样 054	AC－6A	10	60
13	37	2	标样 054	AC－6A	10	60
14	40	2	标样 055	AC－6A	10	60
15	42	2	标样 055	AC－6A	10	60
16	44	2	标样 055	AC－6A	10	60
17	47	2	试样 1	AC－6A	10	60
18	49	2	试样 1	AC－6A	10	60
19	51	2	试样 1	AC－6A	10	60
20	54	2	试样 2	AC－6A	10	60
⋮	⋮	⋮	⋮	⋮	⋮	⋮

（5）摄谱完毕关闭电源，插上暗盒挡板，暗室处理(同 5－2)。

（6）在光谱投影仪上找出测定元素的分析线对，并打上标记。

黄铜上测量元素的分析线对

分析线/nm	内标线/nm	分析线/nm	内标线/nm
Al：266.04	Cu：285.87	Sb：259.80	背景长波
Fe：294.79	Cu：285.87	Bi：306.70	背景长波

（7）在测微光度计上分别测量标样及试样分析线对的黑度值(微测光度计的操作见附录 3 测微光度计使用方法)。

五、数据处理

（1）注明测定元素

（2）测微光度计的测量条件：测量高________ mm，宽度________μm

（3）测量数据

标样与样品	分析线____ nm	内标线____ nm	ΔS	$\overline{\Delta S}$	C
					Fe、Al、Sb、Bi
标样 051 051 051					
标样 052 052 052					
⋮					
样品 1.					C_x =
⋮					

(4) 制作工作曲线(最好用单对数坐标纸)。

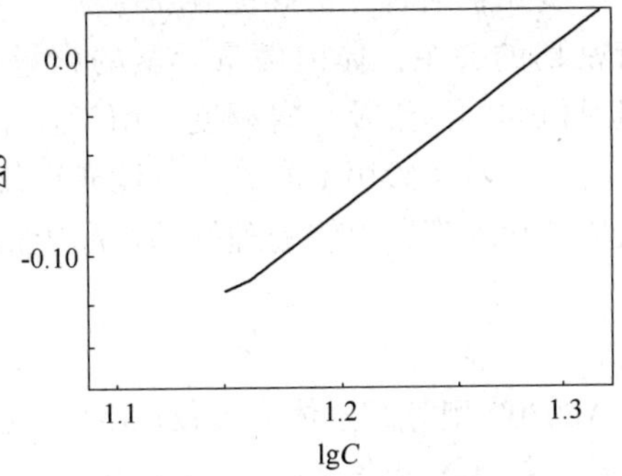

图 5－6　工作曲线示意图

(5) 在工作曲线上找出试样中被测元素 Al、Fe、Sb、Bi 的含量。

六、注意事项

(1) 激发光源为高压高电流装置，注意操作安全。

(2) 实验中使用的光学仪器不能用手或擦拭光学表面，室内保持干燥、清洁。

(3) 开始摄谱前先打开通风设备。

七、思考题

(1) 以本实验为例，说明如何选择分析线对。

(2) 以本实验为例，说明如何选择测量标尺。

(3) 试讨论影响谱线强度的因素？怎样提高定量分析的准确度？

实验5－5　ICP－AES法测定人发中微量铜、铁、锌

一、目的要求

（1）熟悉ICP光源的原理及多元素同时测定的方法；

（2）了解生化样品的处理方法。

二、基本原理

ICP－AES法是将试样在等离子体光源中激发，使待测元素发射出特征波长的辐射，经过分光，测量其强度而进行定量分析的方法。ICP光电直读光谱仪采用ICP光源和光电检测器，同时具有计算机自动控制和数据处理功能。它具有分析速度快、灵敏度高、稳定性好、线性范围宽、基体干扰小、可多元素同时分析等优点。

微量元素与人体健康有密切的关系，体内微量元素的含量不仅能够反映人体的健康状况，而且可以衡量不同环境对机体的污染及危害程度。用头发作样品测定人体微量元素的含量有取样容易、保存方便等特点。本实验用ICP光电直读光谱仪测定人发中的微量元素，先将头发样品用浓硝酸—高氯酸消化处理，再将处理好的样品上机测试。

三、仪器与试剂

（1）仪器：美国热电iCAP6300型等离子体光谱仪（ICP－AES）。

（2）试剂：氩气，铜、铁、锌标准储备液（1.0mg·mL^{-1}），硝酸、高氯酸、盐酸均为优级纯，水为二次蒸馏水。

四、实验步骤

1．标准溶液的配制

100μg·mL^{-1}的铜、铅、锌标准使用液配制：分别准确移取1.0mL储备液用去离子水定容于10mL容量瓶中，摇匀备用。

2．Cu^{2+}、Fe^{3+}、Zn^{2+}混合标准溶液配制

（1）10.0μg·mL^{-1}的混合标准溶液：分别准确移取2.50mL 100.0μg·mL^{-1} Cu^{2+}、Fe^{3+}、Zn^{2+}标准溶液于25mL容量瓶中，加3mL 6mol·L^{-1} HNO_3溶液，用去离子水稀释至刻度，摇匀。

（2）1.00μg·mL^{-1}的混合标准溶液：分别准确移取2.5mLCu^{2+}、Fe^{3+}、Zn^{2+}混合标准溶液于25mL容量瓶中，加3mL 6mol·L^{-1} HNO_3溶液，用去离子水稀释至刻度，摇匀备用，用前现配。

3．试样溶液的制备

用不锈钢剪刀从后颈部剪取头发试样约1g，将其剪成长约1cm发段，用洗发香波洗涤，再用自来水清洗多次，将其移入布氏漏斗中，用1L去离子水淋洗，于110℃下烘干。称取试样0.3g左右（精确至0.0001g），置于100mL烧杯内，加硝酸5mL、高氯酸1mL，低温消化至溶液澄清后继续加热近干，冷却后加少许去离子水稀释，转移至25mL容量瓶中，用去离子水稀释至刻度，摇匀待测。

4. 测定

(1)分析线选择 Cu221.8nm，Fe238.2nm，Zn213.8nm。

(2)按照仪器规程点燃等离子体。

仪器主要参数：冷却气流量，$14L \cdot min^{-1}$；辅助气流量，$0.5L \cdot min^{-1}$；雾化器压力，0.2MPa。

(3)绘制标准曲线。建立一个新的方法，选择要测定元素和所使用的分析线，设置标准方法后测定空白，并依次测定标准溶液，所有标准溶液测定完后，绘制标准曲线。

(4)测定样品，打印分析报告。

(5)用去离子水清洗进样系统 10min，熄灭火焰，待 CID 温度升到 20℃ 以上后关闭氩气。

五、数据处理

名称	待测元素	浓度/$\mu g \cdot mL^{-1}$	A	待测元素	浓度/$\mu g \cdot mL^{-1}$	A	待测元素	浓度/$\mu g \cdot mL^{-1}$	A
标准溶液	Cu^{2+}	0		Fe^{3+}	0		Zn^{2+}	0	
		1.0			1.0			1.0	
待测液	Cu^{2+}			Fe^{3+}			Zn^{2+}		

六、思考题

(1) 人发样品为何通常用湿法处理？若用干法处理，会有什么问题？

(2) 你通过实验体会到 *ICP－AES* 分析法有哪些优点？

实验5-6 电感耦合等离子体原子发射光谱法——ICP-AES法测定锌锭中铅

一、目的要求

(1) 学习ICP-AES分析法的基本原理及操作技术;
(2) 了解电感耦合离子体光源的工作原理;
(3) 学习利用ICP-AES法测定铅锭中铅含量的方法。

二、基本原理

ICP发射光谱分析法是将试样在等离子体中激发，使待测元素发射出特有波长的光，经分光后测量其强度而进行的定量测定分析方法。ICP具有高温、环状结构、惰性气氛、自吸现象小等特点，因而具有基体效应小、检出限低、线性范围宽等优点，是分析液体试样的最佳光源。目前，此光源可用于分析周期表中绝大多数元素(约70多种)，检出限可达10^{-4}～$10^{-3}ng \cdot g^{-1}$级，精密度在1%左右，并可对百分之几十的高含量元素进行测定。

锌锭中铅杂质的含量是一项重要指标，锌基体对杂质元素无明显干扰，采用背景扣除基体法可以基本消除，对铅直接进行测定。各杂质元素含量相当低，元素之间的干扰也可忽略不计。

三、仪器与试剂

(1) 美国热电iCAP6300型等离子体光谱仪(ICP-AES)；微波消解器。

(2) 锌标准溶液($10mg \cdot mL^{-1}$)：准确称取0.5000g高纯金属锌(Zn含量≥99.99%)，加入20mL硝酸(1+1)，使其溶解，待溶解后加热煮沸几分钟，冷却后移入50mL容量瓶中，用水稀释至刻度，摇匀。

(3) 铅标准储备液($1000\mu g \cdot mL^{-1}$)：准确称取0.1000g光谱纯金属铅于100mL烧杯中，加入20mL硝酸(1+1)，加热溶解，移入100mL容量瓶中，用水稀释至刻度，摇匀。

(4) 铅标准工作液($50\mu g \cdot mL^{-1}$)：移取5.00mL铅标准储备液于100mL容量瓶中，用水稀释至刻度，摇匀。

(5) 硝酸：优级纯。

(6) 二次蒸馏水。

四、实验步骤

(1) 仪器条件：

① ICP高频发生器：频率40.68MHz，入射功率为1.1kW，反射功率5kW。

② 炬管：三层同轴石英玻璃管。

③ 雾化器：同轴玻璃雾化器。

④ 感应线圈：3匝。

⑤ 等离子体焰炬观察高度10mm，径向距离4.5mm。

⑥ 氩气流量：载气 0. 40L · min^{-1}，等离子气 0. 50L · min^{-1}，冷却气10. 0L · min^{-1}。

⑦ 积分时间：5s，积分次数三次。

⑧ 分析线波长：Pb220. 35nm。

2. 配制标准溶液系列：分别取 1. 0mL、2. 0mL、5. 0mL、10. 0mL、25. 0mL 铅标准工作液于五只 50mL 容量瓶中，然后用水稀释至刻度，摇匀，即得标准溶液系列，其浓度分别为：1. 0μg · mL^{-1}、2. 0μg · mL^{-1}、5. 0μg · mL^{-1}、10. 0μg · mL^{-1}、25. 0μg · mL^{-1}。

（3）样品预处理：准确称取 0. 5000g 样品于 150mL 烧杯中，加水约 10mL，再加入 10mL 硝酸(1 +1)，待剧烈反应完成后稍加热，使样品溶解完全，冷却，转入 50mL 容量瓶定容，待测。

（4）工作曲线的绘制：根据实验条件，按照仪器的使用方法，测量标准溶液系列中铅的光强度。

（5）在相同的条件下，测定高纯锌和锌锭样品中的铅的光强度。

五、数据处理

（1）利用仪器软件，将铅的光强度对浓度进行线性回归，绘制标准曲线。

（2）打印高纯锌和样品中铅的结果，以高纯锌作为背景扣除计算锌锭样品中铅的含量。

（3）报告测定结果。

六、注意事项

（1）为了节约工作氩气，准备工作全部完成后再点燃等离子体。

（2）应熄灭等离子体光源后再关冷却氩气，否则将烧毁石英炬管。

七、思考题

（1）为什么 ICP 光源能够提高光谱分析的灵敏度和准确度？

（2）为什么计算样品中铅的含量时要以高纯锌作为背景扣除？

实验 5－7 ICP－AES 法测定蜂蜜中钾、磷、铁、钙、锌、铝、钠、镁等元素的含量

一、目的要求

（1）掌握 ICP 光谱定量、定性过程；

（2）进一步熟悉 ICP 仪器的操作过程；

（3）了解国家标准方法中 ICP 方法测定的一般过程。

二、基本原理

蜂蜜中含有丰富的有机营养物质及多种微量元素，是营养价值较高的滋补佳品。本实验利用 ICP－AES 法测定蜂蜜中的多种微量元素。试样以硝酸－过氧化氢在微波消化罐内消化分解，稀释至确定的体积后测量，采用标准曲线法计算元素的含量。

三、仪器与试剂

（1）美国热电 iCAP6300 型等离子体光谱仪（ICP－AES）；微波消解器；容量瓶；吸量管。

（2）氩气，各测定单元素（钾、磷、铁、钙、锌、铝、钠、镁）的标准储备液（$1.0mg\cdot mL^{-1}$），硝酸、过氧化氢、盐酸均为优级纯，水为亚沸蒸馏水。

四、实验步骤

（1）标准混合使用液配制

准确移取 5.00mL 钙、锌、铝、钠、镁标准储备液，7.50mL 铁标准储备液，20.00mL 磷标准储备液于 100mL 容量瓶中，加 5% 硝酸稀释至刻度，摇匀备用。

（2）混合标准系列溶液配制

分别移取 0.0mL、2.0mL、4.0mL、6.0mL、10.0mL 混合标准使用液于五个 100mL 容量瓶中，并按下表计算加入所需钾元素标准储备液的体积于该容量瓶中，以 5% 硝酸稀释至刻度，摇匀备用。

标准溶液系列 $mg\cdot mL^{-1}$

元素	标准系列溶液浓度				
	N1	N2	N3	N4	N5
钾	0	14	28	56	70
磷	0	4	8	16	20
铁	0	1.5	3	6	7.5
钙	0	1	2	4	5

续表

元素	标准系列溶液浓度				
	N1	N2	N3	N4	N5
锌	0	1	2	4	5
铝	0	1	2	4	5
钠	0	1	2	4	5
镁	0	1	2	4	5

（3）样品制备：

准确称取 1. 0 ~ 1. 2g 未结晶的蜂蜜样品，精确至 0. 1mg。置于微波消化罐内，分别加入 3mL 的浓硝酸和过氧化氢，摇动消化罐混匀，放置 24h 以上，其间不定时摇动消化罐 3 ~ 4 次。将微波消化罐放入微波消化装置中，设定消化程序：240W 消化 1min，360W 消化 3min，600W 消化 5min。待消化罐冷却到室温后，将溶液定量转入 25mL 容量瓶中，以 5% 硝酸稀释至刻度，混匀备用。

（4）平行实验：按步骤 3，对同一试样进行平行实验测定。

（5）空白实验：除不称取样品外，均按步骤 3 进行。

（6）进行标准系列样品测定，绘制标准曲线。

（7）测定样品，打印分析报告。

（8）结果计算。

按下式计算元素的含量：

$$X = \frac{(C_1 - C_0) \times V}{M}$$

式中 X——被测元素含量，$mg \cdot kg^{-1}$

C_1——从标准曲线上查得的试样溶液中被测元素的浓度，$\mu g \cdot mL^{-1}$；

C_0——从标准曲线上查得的空白溶液中被测元素的浓度，$\mu g \cdot mL^{-1}$；

V——被测试液的体积，mL；

M——试样质量，g。

五、数据记录及结果分析

名称	待测元素	浓度	*A*	待测元素	浓度	*A*	待测元素	浓度	*A*	待测元素	浓度	*A*
标准溶液	钾	0		磷	0		铁	0		钙	0	
		14			4			1.5			1	
		28			8			3			2	
		56			16			6			4	
		70			20			7.5			5	
	锌	0		铝	0		钠	0		镁	0	
		1			1			1			1	
		2			2			2			2	
		4			4			4			4	
		5			5			5			5	
待测液	钾			磷			铁			钙		
	锌			铝			钠			镁		

六、思考题

（1）微波消化样品中应注意什么问题？

（2）如何确定标准溶液中各元素的浓度？

第 6 章　原子吸收光谱法

原子吸收光谱法基于从光源发出的被测元素的特征辐射通过样品蒸气时，被待测元素基态原子所吸收，由辐射的减弱程度求得样品中被测元素的含量。图 6－1 是原子吸收光谱分析示意图。

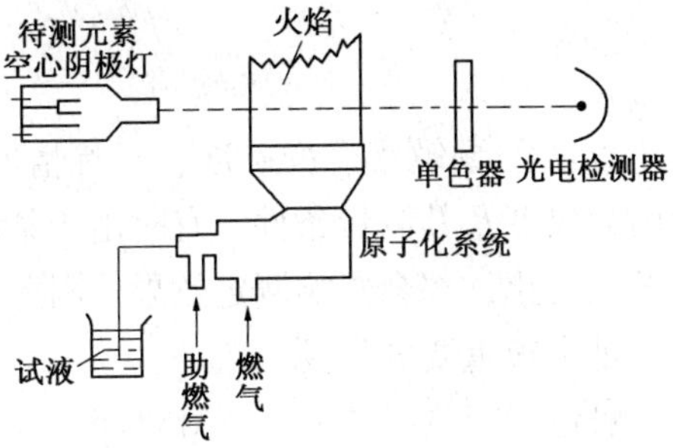

图 6－1　原子吸收光谱分析示意图

在光源发射线的半宽度小于吸收线的半宽度(即锐线光源)的条件下，光源的发射线通过一定厚度的原子蒸气，并被基态原子所吸收，吸光度与原子蒸气中待测元素的基态原子数间的关系遵循朗伯—比尔定律：

$$A = \lg \frac{I_0}{I} = K'N_0L \tag{1}$$

式中，I_0和 I 分别表示入射光和透射光的强度；N_0为单位体积基态原子数；L 为光程长度；E'为与实验条件有关的常数。

上式表示吸光度与蒸气中基态原子数呈线性关系。常用的火焰温度低于 3000K，火焰中基态原子占绝大多数，因此可以用基态原子数 N_0代表吸收辐射的原子总数。

实际分析要求测定的是试样中待测元素的浓度，而此浓度是与待测元素吸收辐射的原子总数成正比的。因此在一定浓度范围和一定火焰宽度 L 的情况下，试样中待测元素的浓度与蒸气中原子总数有确定的关系，可表示为：

$$N = \alpha C \tag{2}$$

式中α为比例常数。将式(2)代入式(1)得：

$$A = KCL \tag{3}$$

这就是原子吸收分光光度分析的定量基础。它表示在确定实验条件下，吸光度与试样中待测元素浓度呈线性关系。

原子吸收光谱法具有灵敏度高、选择性好、操作简单、快速和准确度好等特点，被广泛用于各个部门。在一般条件下，其相对误差约在 1%～2% 之间，可适用于 70 多种元素的微量或痕量测定。但由于分析不同元素时必须换灯，给多元素同时分析带来了困难，这是它的缺点。

实验6-1 原子吸收测量条件的选择和灵敏度的测定

一、目的要求

（1）了解原子吸收分光光度计的结构、性能及操作方法；

（2）练习最佳实验条件的选择，掌握灵敏度的测定方法。

二、基本原理

在原子吸收分析中，分析方法的灵敏度、准确度、干扰情况和分析过程是否简便快速等，在很大程度上取决于所用的仪器及其测量条件。有时由于某种原因更换了仪器的个别部件，或个别部件的工作条件发生变化，都会影响测定效果。因此在进行原子吸收测定时，严格控制和选择仪器的测量条件是个很重要的问题。

原子吸收的测量条件，一般包括吸收线的波长、灯电流、火焰类型和喷雾器、助燃气和燃气的比例、燃烧器高度（吸收部位或吸收高度）和单色器狭缝宽度等。喷雾器可通过提升量和雾化效率的试验进行选择，吸收线的波长和火焰类型，可结合现有的设备条件和分析任务的要求，参考前人的经验加以选择。本实验仅对灯电流、助燃气和燃气比例、燃烧器高度和单色器狭缝宽度进行选择，从选定的测量条件中测定钙、镁的灵敏度。值得注意的是，一台仪器的测量条件，往往不适用于另一台仪器。

原子吸收灵敏度是原子吸收光谱仪的重要技术指标之一，它用于检验仪器的固有性能和估计最适合的测量浓度范围及取样量。原子吸收灵敏度，是指在选定的测量条件下，某元素的水溶液产生1%吸收（或0.0044吸光度）的浓度，通常以$\mu g \cdot mL^{-1}/1\%$表示。

测量灵敏度最简便的方法是配制适当浓度的某元素的水溶液，使其吸光度在0.3～0.4之间，在选定的条件下测量其吸光度或吸收值，根据浓度和吸光度便可计算出灵敏度值。此法测得的灵敏度，只有当标准曲线是通过零点的直线时才是准确的，更为可靠的测定灵敏度的方法是标准曲线法。本实验采用以上两种测定方法进行对照。

三、仪器与试剂

（1）3200型原子吸收分光光度计；钙、镁空心阴极灯；记录仪；电子交流稳压器；无油气体压缩机；乙炔钢瓶。容量瓶100mL、500mL、1000mL，吸量管10mL、5mL，适当烧杯。

（2）标准溶液的配制

① 1000 $\mu g \cdot mL^{-1}$钙标准储备溶液：取无水碳酸钙在120℃烘箱中烘2h，取出，在干燥器中冷却后称取1.2486g于烧杯中，加去离子水50mL，滴加1∶3盐酸至$CaCO_3$完全溶解，移入500mL容量瓶中，用去离子水稀释至刻度，摇匀。

② 1000 $\mu g \cdot mL^{-1}$镁标准储备溶液：准确称取金属镁1.0000g，用少量6 $\mu g \cdot mL^{-1}$盐酸溶解，用1%盐酸稀释至1L。使用时稀释为100 $\mu g \cdot mL^{-1}$标准溶液。

③ 100 $\mu g \cdot mL^{-1}$钙、5 $\mu g \cdot mL^{-1}$镁　钙、镁混合标准溶液：分别取10.0mL钙标准储

备溶液和 100 μg · mL^{-1}镁标准溶液 5.0mL 于 100mL 容量瓶中，用去离子水稀释至刻度，摇匀。

四、实验步骤

（1）试验溶液的配制：

吸取混合标准溶液6.0mL，于100mL 容量瓶中用去离子水稀释至刻度，摇匀。此标准溶液中钙和镁的浓度分别为6.0 μg · mL^{-1}和0.3 μg · mL^{-1}，用于条件试验。

（2）按照仪器操作方法，预置表6－1 中的工作条件。

表6－1　仪器工作条件

	钙	镁
吸收线波长	422.7nm	285.2nm
工作方法	双光束	双光束
元素灯电流	6mA	6mA
狭缝宽度	3 档(0.7nm)	3 档(0.7nm)
火焰高度	10.0mm	8.0mm
空气流量	压力 2kg · cm^{-2}，5.0L · min^{-1}	压力 2kg · cm^{-2}，5.0L · min^{-1}
乙炔流量	0.85L · $minmL^{-1}$	0.70L · $minmL^{-1}$

（3）最佳实验条件的选择：

按表6－1 预置的工作条件进行以下各项试验。

① 燃气流量的选择：按表6－2 列出的乙炔流量测定吸光度。

表6－2　乙炔流量的选择

乙炔流量/L · min^{-1}	吸光度	乙炔流量/L · min^{-1}	吸光度
0.5		0.6	
0.7		0.8	
0.9		1.0	

② 燃烧器高度的选择：按表6－3 列出的燃烧器高度测量吸光度。

表6－3　燃烧器高度的选择

燃烧器高度/mm	吸光度	燃烧器高度/mm	吸光度
5		6	
7		8	
9		10	
11		12	
13			

③ 灯电流的选择：按表6－4 列出的灯电流测量吸光度。

表 6－4　灯电流的选择

灯电流	吸光度	灯电流	吸光度
4		6	
8		10	
12			

④ 单色器狭缝宽度选择：按表 6－5 中列出的狭缝宽度测量吸光度。

表 6－5　狭缝宽度选择

狭缝宽度/档	吸光度	狭缝宽度/档	吸光度
1		2	
3		4	
5		6	

（4）灵敏度测定

① 配制含钙分别为 $2\mu g \cdot mL^{-1}$、$4\mu g \cdot mL^{-1}$、$6\mu g \cdot mL^{-1}$、$8\mu g \cdot mL^{-1}$、$10\ \mu g \cdot mL^{-1}$ 和 Mg $0.1\mu g \cdot mL^{-1}$、$0.2\mu g \cdot mL^{-1}$、$0.3\mu g \cdot mL^{-1}$、$0.4\mu g \cdot mL^{-1}$、$0.5\ \mu g \cdot mL^{-1}$的标准系列。

② 在上述选定的最佳实验条件下分别测定标准系列的吸光度。

五、数据处理

（1）分别绘制吸光度与燃气流量、燃烧器高度、灯电流、狭缝宽度之间的关系曲线，选定最佳的测定条件。

（2）分别绘制钙、镁的标准曲线，从标准曲线上查出吸光度为 0.44 对应的浓度，将此浓度除以 100 即为钙、镁的灵敏度。

（3）从标准系列中的一个浓度测得的吸光度计算灵敏度。

计算公式：$S_{相对} = \dfrac{C \times 0.0044}{A}(\mu g \cdot mL^{-1}/1\%)$

式中 C 为标准液浓度，A 为标准液测得的吸光度，$S_{相对}$ 为相对灵敏度。

六、注意事项

（1）乙炔钢瓶阀门旋开不超过 1.5 转，否则乙炔会逸出。

（2）实验时，要打开通风设备，使金属蒸气及时排出室外。

（3）点火时，先开空气，后开乙炔。熄灭时，先关乙炔，后关空气。室内若有乙炔气味，应立即关闭乙炔气源，开通风，排除问题后，再继续进行实验。

七、思考题

（1）如何选择最佳实验条件？实验时，若条件发生变化，对结果有何影响？

（2）在原子吸收分光光度计中，为什么单色器位于火焰之后？而紫外可见分光光度计中，单色器位于试样室之前？

（3）什么是相对灵敏度？对标准曲线法和计算法测定的灵敏度进行比较。

实验6－2 饮用水中钙和镁的测定——标准曲线法

一、目的要求

（1）进一步熟悉原子吸收分光光度计的使用；

（2）掌握标准曲线法在实际样品分析中的应用。

二、基本原理

原子吸收光谱法是根据物质产生的原子蒸气对特定波长光的吸收作用来进行定量分析的。每一种元素的原子不仅可以发射一系列特征谱线，也可以吸收与发射线波长相同的特征谱线。当光源发射的某一特征波长的光通过原子蒸气时，原子中的外层电子将选择性地吸收其同种元素所发射的特征谱线，使入射光减弱。特征谱线因吸收而减弱的程度称吸光度 A，吸光度与被测元素的含量成正比：

$$A = \lg \frac{I_0}{I} = KLC$$

在试样原子化时，火焰温度低于3000K时，对大多数元素来说，原子蒸气中基态原子的数目实际上接近原子总数。在选定的实验条件下，待测元素的原子总数是与该元素在试样中的浓度 C 成正比。因此，上式可以表示为：

$$A = K'C$$

这就是进行原子吸收定量分析的依据。对组成简单的试样，用标准曲线法进行定量分析较方便。

三、仪器与试剂

（1）3200型原子吸收分光光度计；钙、镁空心阴极灯；电子交流稳压器；无油气体压缩机；乙炔钢瓶；容量瓶1000mL（1个），500mL（1个），100mL（10个）；吸量管10mL（2支），2mL（1支）；适当的烧杯等。

（2）标准溶液的配制：

① 1000 μg·mL^{-1}钙标准储备溶液：取无水碳酸钙在120℃烘箱中烘2h，取出，在干燥器中冷却后称取1.2486g于烧杯中，加去离子水50mL，滴加1：3盐酸至$CaCO_3$完全溶解，移入500mL容量瓶中，用去离子水稀释至刻度，摇匀。

② 1000 μg·mL^{-1}镁标准储备溶液：准确称取金属镁1.0000g，用少量6 μg·mL^{-1}盐酸溶解，用1%盐酸稀释至1L。使用时稀释为100 μg·mL^{-1}标准溶液。

③ 100 μg·mL^{-1}钙、5 μg·mL^{-1}镁　钙、镁混合标准溶液：分别取10.0mL钙标准储备溶液1000 μg·mL^{-1}和镁标准溶液100 μg·mL^{-1}5.0mL于100mL容量瓶中，用去离子水稀释至刻度，摇匀。

（3）配制20%（w/v）$SrCl_2$溶液：称取20g分析纯$SrCl_2$溶于100mL水中；

1：3（体积比）HCl。

四、实验步骤

1. 钙、镁系列标准溶液的配制

用10mL吸量管分别吸取0.0、2.0mL、4.0mL、6.0mL、8.0mL、10.0mL钙、镁的混合标准溶液于100mL容量瓶中，各加入1：3HCl 2.0mL、20% $SrCl_2$2.0mL，用去离子水稀释至刻度、摇匀。此标准系列中钙的浓度为0.0、2.0μg · mL^{-1}、4.0μg · mL^{-1}、6.0μg · mL^{-1}、8.0μg · mL^{-1}、10.0 μg · mL^{-1}；镁的浓度为0.0、0.1μg · mL^{-1}、0.2μg · mL^{-1}、0.3μg · mL^{-1}、0.4μg · mL^{-1}、0.5 μg · mL^{-1}。

2. 钙的测定

(1)水样的制备：用10mL吸量管移取10mL水样于100mL容量瓶中加入1：3HCl 2.0mL、20% $SrCl_2$2.0mL，用去离子水稀释至刻度，摇匀(平行二份)。

(2)测定：参照实验6－1实验条件，由稀至浓逐个测量标准系列溶液和样品溶液的吸光度。

3. 镁的测定

(1)水样的制备：用2mL吸量管移去水样2mL至100mL容量瓶中，加入1：3HCl 2.0mL，20% $SrCl_2$2.0mL，用去离子水稀释至刻度，摇匀(平行二份)。

(2)测定：参照实验6－1实验条件，由稀至浓逐个测量标准系列溶液和样品溶液的吸光度。

五、数据处理

(1) 在方格坐标纸上绘制Ca和Mg的标准曲线，由未知水样的吸光度，在标准曲线上查出相应的浓度，再乘以稀释倍数，即为水样中Ca、Mg的浓度(μg · mL^{-1})。

(2) 以两份水样的平均值为测量结果，计算二次测定的精密度。

六、注意事项

(1) 单色光束仪器一般预热10～30min。

(2) 乙炔为易燃气体，容易爆炸，使用时必须遵守操作规程。

(3) 进行喷雾时，要保证助燃气和燃气压力不变，否则影响吸收值的准确性。

(4) 因待测元素含量很低，要防止污染、挥发和吸附损失。

(5) 试样溶液的吸光度应在标准曲线的中部，否则，可改变取样的体积。

七、思考题

(1) 试述标准曲线法的特点及适用范围。

(2) 如果试样成分比较复杂，应该怎样进行测定?

实验 6－3　原子吸收分光光度法测定黄酒中铜的含量——标准加入法

一、目的要求

（1）学习使用标准加入法进行定量分析；

（2）掌握黄酒中有机物质的消化方法。

二、基本原理

由于试样中基体成分往往不能准确知道，或是十分复杂，不能使用标准曲线法，但可采用另一种定量分析方法——标准加入法，其测定过程和原理如下：

取等体积的试样二份，分别置于相同容积的两只容量瓶中，其中一只加入一定量的待测元素的标准溶液，分别用水稀释至刻度，摇匀，分别测其吸光度，则：

$$A_x = KC_x$$

$$A_0 = K(C_0 + C_x)$$

式中 C_x 为待测元素的浓度；C_0 为加入标准溶液后溶液浓度的增量；A_x、A_0 分别为两次测量的吸光度，将以上两式整理得：

$$C_x = \frac{A_x}{A_0 - A_x} \cdot C_0$$

在实际测定中，采用作图法所得结果更为准确。一般吸取四份等体积试液置于四只等容积的容量瓶中，从第二只容量瓶开始，分别按比例递增加入待测元素的标准溶液，然后用溶剂稀释至刻度、摇匀。分别测定溶液 C_x、$C_x + C_0$、$C_x + 2C_0$、$C_x + 3C_0$、$C_x + 4C_0$ 的吸光度为 A_x、A_1、A_2、A_3、A_4，然后以吸光度 A 对待测元素标准溶液的加入量作图，得图 6－2 所示的直线，其纵轴上截距 A_x 为只含试样 C_x 的吸光度，延长直线与横轴相交于 C_x，即为所要测定的试样中待测元素的浓度。

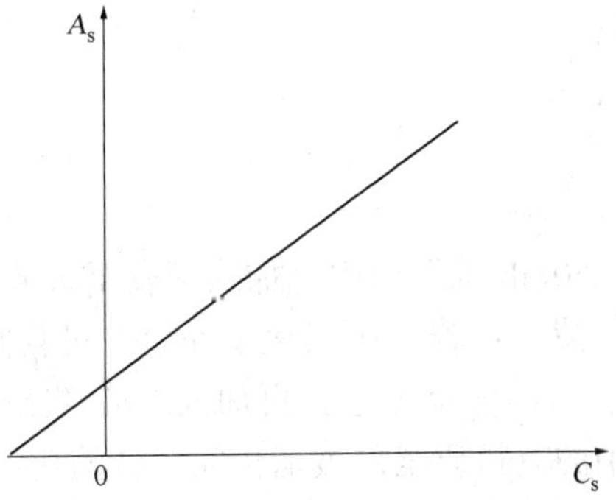

图 6－2　标准加入法工作曲线

在使用标准加入法时应注意：

（1）为了得到较为准确的外推结果，至少要配制四种不同比例加入量的待测元素标准溶液，以提高测定准确度；

（2）绘制工作曲线斜率不能太小，否则外延后将引入较大误差，为此应使一次加入量 C_0与未知量 C_x尽量接近；

（3）本法只能消除基体效应带来的干扰，但不能消除背景吸收带来的干扰；

（4）待测元素的浓度与对应的吸光度应呈线性关系，即绘制工作曲线应呈直线，而且当 C_x不存在时，工作曲线应该通过零点。

采用原子吸收法测定有机金属化合物中金属元素或生物材料或溶液中含大量有机溶剂时，由于有机化合物在火焰中燃烧，将改变火焰性质、温度、组成等，并且还经常在火焰中生成未烧尽的碳的微细颗粒，影响光的吸收。因此，一般预先以湿法消化或干法灰化的方法予以除去。湿法消化是使用具有强氧化性酸，例如 HNO_3、H_2SO_4、$HClO_4$等与有机化合物溶液共沸，使有机物分解除去。干法灰化是在高温下灰化、灼烧，使有机物被空气中的氧所氧化而破坏。本实验采用湿法消化黄酒中的有机物质。

三、仪器与试剂

（1）3200 型原子吸收分光光度计；铜空心阴极灯；调温电炉；适当的容量瓶；吸量管；移液管；烧杯等。

（2）1000 μg · mL^{-1}铜标准储备液：准确称取 0.5000g 金属铜于 100mL 烧杯中，加入 10mL 浓硝酸溶解，然后移至 500mL 容量瓶中定容，摇匀，备用。

50 μg · mL^{-1}铜标准工作溶液：吸取上述铜标准储备液 5.0mL 于 100mL 容量瓶中，用 1∶100HNO_3溶液稀释至刻度，摇匀，备用。

硝酸、硫酸。

四、实验步骤

1. 仪器测量条件

工作方式置双光束。

波长：324.7nm；

狭缝：2 档；

灯电流：6mA；

空气流量：6.0L · min^{-1}；

乙炔流量：1.0L · min^{-1}；

燃烧器高度：5mm。

2. 酒样消化

量取 100mL 黄酒试样于 250mL 锥形瓶中，加热蒸发至浆液状，慢慢加入 10mL 浓硝酸，摇匀，并用小漏斗作盖，加热消化；若一次消化不完全，可再加入 10mL 浓硝酸继续消化。然后加入 5mL 浓硝酸，加热；若溶液呈黑色，再加入 5mL 浓硝酸，继续加热，如此反复直至溶液呈淡黄色，此时黄酒中的有机质全部被消化完。将消化液转移到 50mL 容量瓶中，用去离子水稀释至刻度，摇匀，备用(平行二份)。

3. 标准溶液系列配制

取五只 25mL 容量瓶，各加入 10mL 上述黄酒消化液，然后分别加入 0.0mL、0.5mL、1.0mL、1.5mL、2.0mL 铜标准工作液，用水稀释至刻度、摇匀。该系列溶液加入铜浓度分别为 0.00 μg · mL^{-1}、1.00 μg · mL^{-1}、2.00 μg · mL^{-1}、3.00 μg · mL^{-1}、4.00 μg · mL^{-1}。

五、数据及处理

根据仪器测量条件，分别测定标准系列溶液的吸光度，然后以吸光度为纵坐标、铜标准加入浓度为横坐标，绘制工作曲线。延长工作曲线与浓度轴相交，交点为 C_x，根据求得的 C_x 计算黄酒消化液中铜的浓度（μg · mL^{-1}）。最后根据酒样的稀释情况，计算黄酒中铜的含量。

六、注意事项

（1）实验前仪器必须充分预热，实验结束，仪器的各开关和旋钮均须复位。

（2）实验时，要打开通风设备，使废气及时排出室外。

（3）点火时，先开空气，后开乙炔气。熄火时，先关乙炔气，后关空气。室内若有乙炔气味，应立即关闭乙炔气源，开通风橱，排除问题后，再继续进行实验。

七、思考题

（1）采用标准加入法进行定量分析有什么优点？应注意哪些问题？

（2）为什么标准加入法中工作曲线外推与浓度轴相交点，就是试样中待测元素的浓度？

实验6－4 奶粉中钙、铜、铁、锌的测定

一、目的要求

（1）学习食品试样的预处理方法；

（2）掌握原子吸收测定食品中微量元素的方法。

二、基本原理

原子吸收法是测定多种试样中金属元素的常用方法。测定食品中微量金属元素，首先要处理样品，将其中的金属元素以可溶的状态存在。试样可以用湿法处理，即试样在酸中消化制成溶液；也可以用干法灰化处理，即将试样置于马弗炉中，在400～500℃高温下灰化，再将灰分溶解在盐酸或硝酸中制成溶液。

本实验采用干法灰化处理样品，然后测定其中Ca、Cu、Fe、Zn等营养元素。此法也可用于其他食品，如糕点、豆类、水果、蔬菜等中微量元素的测定。

三、仪器与试剂

（1）3200型原子吸收分光光度计；钙、铜、铁、锌空心阴极灯；马弗炉；电炉；容量瓶；吸量管；烧杯；瓷坩埚等。

（2）1000 $\mu g \cdot mL^{-1}$钙标准储备液，20%（W/V）氯化锶溶液，配制见实验6－2；1000 $\mu g \cdot mL^{-1}$铜标准储备液，配制见实验6－3。

（3）1000 $\mu g \cdot mL^{-1}$铁标准储备液：溶解1.00g纯铁丝于50mL 1:1HNO_3溶液中，用水稀释至1L。

（4）1000 $\mu g \cdot mL^{-1}$锌标准储备液：溶解1.00g纯锌于25mL 1:1HCl溶液中用水稀释至1L。

（5）HNO_3；HCl。

四、实验步骤

1. 仪器工作条件

元素	波长/nm	灯电流/mA	氘灯①/档	狭缝/档	燃烧器高度/mm	空气流量/$L \cdot min^{-1}$	乙炔流量/$L \cdot min^{-1}$	空气压力/$kg \cdot cm^{-2}$
Ca	422.7	8	—	2	10	5.0	0.90	2.0
Cu	324.7	6	6	2	7.5	5.0	0.70	2.0
Fe	248.3	8	1	1	7.5	5.0	0.70	2.0
Zn	213.9	4	1	3	7.0	5.0	0.60	2.0

① 调节元素灯电流与氘灯匹配为止。

2. 试样的制备

准确称取1g试样于瓷坩埚中，在低温电热板上炭化至无烟，移入马弗炉中，慢慢升温到500℃，保温2～3h，取出冷却，加2mL1:1HCl，加热促使残渣完全溶解。转移至50mL

容量瓶中，用水稀释至刻度，摇匀、待测。

3. 铜、铁、锌的测定

(1)标准混合工作溶液的配制：将 Cu、Fe、Zn 的储备液逐级稀释配制含 Cu、Fe 100 $\mu g \cdot mL^{-1}$和 Zn10 $\mu g \cdot mL^{-1}$的混标液。

在 6 只 100mL 容量瓶中分别加入 0.0、1.0mL、2.0、3.0mL、4.0mL、5.0mL 混标液，用 0.2% 的 HCl 稀释至刻度，摇匀，其浓度 Cu、Fe 0.0、1.0$\mu g \cdot mL^{-1}$、2.0$\mu g \cdot mL^{-1}$、3.0$\mu g \cdot mL^{-1}$、4.0$\mu g \cdot mL^{-1}$、5.0 $\mu g \cdot mL^{-1}$和 Zn 0.0、0.1$\mu g \cdot mL^{-1}$、0.2$\mu g \cdot mL^{-1}$、0.3$\mu g \cdot mL^{-1}$、0.4$\mu g \cdot mL^{-1}$、0.5 $\mu g \cdot mL^{-1}$。

(2)标准曲线：根据上述仪器工作条件，分别测量铜、铁和锌的吸光度。

(3)试样液的分析：与标准曲线同样条件，测量 Cu、Fe、Zn 的吸光度。

4. 钙的测定

(1)标准系列溶液配制：将 Ca 的储备液稀释成 100 $\mu g \cdot mL^{-1}$的 Ca 标准液，然后在 6 个 100mL 容量瓶中分别加入 Ca 标准液 0.0、2.0mL、4.0mL、6.0mL、8.0mL、10.0mL，再各加入 2mL1:3HCl 和 2mL 20% 氯化锶溶液后，用蒸馏水稀释至刻度，摇匀。此溶液中 Ca 的浓度为 0.0、2.0$\mu g \cdot mL^{-1}$、4.0$\mu g \cdot mL^{-1}$、6.0$\mu g \cdot mL^{-1}$、8.0$\mu g \cdot mL^{-1}$、10.0 $\mu g \cdot mL^{-1}$。

(2)标准曲线：根据上述的仪器工作条件分别测钙的吸光度。

(3)试样溶液的分析：吸取步骤 2 中制备的试样液 2.0mL 于 100mL 容量瓶中，分别加入 2mL 锶盐溶液和 2mL1：3HCl 后用蒸馏水稀释至刻度，摇匀。与标准曲线同样条件测其吸光度。

五、数据处理

(1) 绘制 Ca、Cu、Fe、Zn 的标准曲线。

(2) 根据各元素在标准曲线上求出的浓度及样品的稀释倍数，确定这些元素的含量($\mu g \cdot g^{-1}$)。

六、注意事项

(1) 若样品一次灰化不完全，则可以二次灰化，即坩埚从马弗炉取出冷却后加入 1mL1：1HNO_3，在调温电热板上蒸干，再送进马弗炉 500℃下灰化 1h。再做以后的操作。

(2) 如果样品中这些元素的含量较低，可以增加取样量。若含量较高可以采取燃烧器转角或溶液稀释。

(3) 处理好的试样溶液若混浊，可用离心机离心，或用定量滤纸过滤。

七、思考题

(1) 为什么稀释后的标准溶液只能放置较短的时间，而储备液可以放置较长时间？

(2) 测定 Ca 时为什么要加入锶盐溶液？

实验6-5　石墨炉原子吸收法测定水中痕量镉

一、目的要求

（1）了解石墨炉原子化器的工作原理和使用方法；
（2）学习水中痕量镉的分析方法。

二、基本原理

石墨炉原子化法是将试样（液体或固体）置于石墨管中，用大电流（300A）通过石墨管，产生高达3000℃的高温，使样品蒸发和原子化。

测定时分三个程序升温，即：①干燥：在稍低于溶剂沸点的温度下加热，以除去各种溶剂；②灰化：是在保证待测元素没有明显损失的前提下，将样品加热到尽可能高的温度，使样品的基体在原子化阶段之前已被破坏或蒸发，以减少其他元素的干扰及光散射或分子吸收引起的背景问题（最佳灰化温度由实验决定）；③原子化：在一定温度下，使分析元素的化合物分解为气态自由原子，一般来说，各种元素的分析信号是原子化的函数，应该使用能得出最大吸收信号的最低温度（最佳原子化温度可由实验决定）。在结束一个样品的测定后，用比原子化阶段稍高的温度加热石墨管以除去样品残渣，经过净化处理石墨管，便可进行下一个样品的分析。为了防止试样及石墨氧化，需要在不断通入惰性气体（氮或氩）的情况下进行加热。

石墨炉原子化法的最大优点是注入的试样几乎可以完全原子化。特别是对于易形成耐熔氧化物的元素能够得到较好的原子化效率。当试样含量很低，或只能供很少量的试样时，使用石墨炉原子化法是很适宜的。

三、仪器与试剂

（1）3200型原子吸收分光光度计；电子交流稳压器；记录仪；镉空心阴极灯；
3200－10型石墨炉及其控制电源（石墨炉操作见附录2）。
石墨管；微量可调移液器（20 μL）；氩气钢瓶；适当的容量瓶及吸量管等。
（2）标准溶液的配制：
① 1.000mg·mL^{-1}镉标准储备液：准确称取金属镉1.000g溶于20mLHNO_3（相对密度1.42）中，完全转移至1000mL容量瓶中，用蒸馏水稀释至刻度，摇匀。

② 10 μg·mL^{-1}镉标准溶液A：取1.0mL镉标准储备溶液（1000mg·mL^{-1}）于100mL容量瓶中，用蒸馏水稀释至刻度，摇匀。

③ 0.1 μg·mL^{-1}镉标准溶液B：取A液1.0mL于100mL容量瓶中，用蒸馏水稀释至刻度，摇匀。

④ 0.001 μg·mL^{-1}镉标准溶C：取B液1.0mL于100mL容量瓶中，用蒸馏水稀释至刻度，摇匀。

⑤ HNO_3（相对密度1.42）。

四、实验步骤

（1）标准系列溶液的配制：

分别吸取镉标准溶液 C 1.0mL、2.0mL、3.0mL、4.0mL、5.0mL 于 50mL 容量瓶中，各加入 1mLHNO_3 用蒸馏水稀释至刻度，配制成 2.0ng·mL^{-1}、4.0ng·mL^{-1}、6.0ng·mL^{-1}、8.0ng·mL^{-1}、10.0ng·mL^{-1} 标准系列。

（2）按仪器操作方法启动仪器，并预热 20min，开启冷却水和保护气体开关。

实验条件：波长 228.8nm；狭缝宽 0.7nm；灯电流 6mA；干燥电流 0.2mA，干燥时间 30s；斜坡升温干燥时间 5s；灰化电流 0.6mA；灰化时间 30s；斜坡升温灰化时间 5s；原子化电流 2.2A；原子化时间 5s。氩气流量：管外 300mL·mL^{-1}，管内 50mL·mL^{-1} 进行背景校正，进样量 20 μL。

（3）测量：

① 标准溶液和试剂空白：调好仪器的实验参数，自动升温空烧石墨管调零。然后从稀至浓逐个测量空白溶液和标准系列溶液，进样量 20 μL，每份溶液测定三次，取平均值。

② 未知水样：在 50mL 水样中加入 1mLHNO_3 后，在同样实验条件下，测量水样三次，取平均值，每次进样 20 μL。

五、数据及处理

绘制镉的标准曲线，并由水样的吸光度从标准曲线上求出水样中镉的含量。

六、注意事项

（1）在无火焰原子吸收光谱法进行样品测量时，液体进样是采用微量可调移液器。在使用时注意应根据不同的样品和不同的样品体系而及时更换枪头，以免交叉污染。

（2）在用移液器进样时，注意要快速一次性将移液器中液体注入到石墨管中，以免枪头中有样品残留。

七、思考题

（1）非火焰原子吸收光谱法具有哪些特点？

（2）在实验中通 Ar 气的作用是什么？为什么要用 Ar 气？

（3）石墨炉原子吸收分析的操作中主要应注意哪几个问题？为什么？

（4）配制标准液和样品溶液时为什么加 HNO_3？若不加 HNO_3 还可以采用什么方法？

第 7 章　可见与紫外分光光度法

离子和分子吸收电磁辐射可作为定性分析和定量分析时许多分析方法的基础。在可见及紫外区电磁辐射的作用下，多原子分子的价电子发生跃迁，从而产生分子的吸收光谱，但有色物质的溶液对不同波长的入射光线有不同的吸收。吸收分光光度法就是基于这种物质对电磁辐射的选择性吸收的特性而建立起来的分析方法，在原理上它属于分子吸收光谱分析。

在选定波长下测量吸光度与物质浓度的关系，可对物质进行定量分析。吸收的大小可用朗伯—比尔定律来表述：

$$A = \lg(\frac{1}{T}) = \lg(\frac{I_0}{I}) = abc \tag{1}$$

式中：A 为吸光度；T 为透光率(或称为透光度)；I_0为入射光的强度；I 为透射光强度；a 为吸光系数，$L \cdot cm^{-1} \cdot g^{-1}$；$b$ 为液槽的厚度，cm；c 为浓度，$g \cdot L^{-1}$。当 $1mol \cdot L^{-1}$浓度的溶液放在 1cm 厚的液槽中，在一定波长下测得的吸光度称为摩尔吸光系数，记为ε，单位为 $L \cdot cm^{-1} \cdot moL^{-1}$。其值愈大，溶液对该波长的光吸收愈敏感。

吸光度的测量在光度计中进行。用一对同一厚度的液槽，一只盛放待测溶液，另一只盛放参比溶液，使用同一波长同一强度的单色光，同时或先后通过这两个溶液，测量其透射光强度，便可以计算出一个非常接近溶液真实吸光度的实验吸光度值，即：

$$A = \lg(\frac{I_0}{I}) \approx \lg(\frac{I_{参比}}{I_{溶液}}) \tag{2}$$

这里，通过盛放参比溶液液槽后透射光强度 $I_{参比}$与盛放待测溶液液槽后透射光强度 $I_{溶液}$的比值，非常接近于待测溶液的入射光强度 I_0与透射光强度 I 的比值。测量的入射光应选择合适的波长，原则是使其吸收最大、干扰最小。

测量溶液的吸光度值，一般宜控制在 0.2～0.8 内，以减小测量的光度误差。可用调节试液的浓度或改变液槽厚度来达到目的。

可见与紫外分光光度法是目前使用最广泛的定量分析方法之一。它具有较高的灵敏度，可用于微量组分的测定。本法使用的仪器简单，操作方便、快速，而且操作误差小、精密度好，其相对误差一般在 1%～5%之内。此外，还常利用紫外吸收光谱来鉴定有机化合物。

实验7－1 磺基水杨酸法测定铁

一、目的要求

（1）学习7200型分光光度计的使用方法；

（2）学习测绘吸收曲线的方法；

（3）掌握利用标准曲线进行有关计算。

二、基本原理

三价铁离子在不同的pH值下与磺基水杨酸作用形成不同组成和颜色的几种络合物。在pH值为1.8～2.5时形成红紫色的$[Fe(SSal)]^{+}$络阳离子（SSal代表磺基水杨酸阴离子）；当pH值4～8的溶液中，形成褐色的$[Fe(SSal)^{\cdot}]^{-}$络阴离子，当pH值为8～11.5的氨性溶液中，形成黄色的$[Fe(SSal)^{\cdot}]^{3-}$，若pH＞12时，则不能形成络合物而生成氢氧化铁沉淀。

在氢氧化铵碱性介质中，二价铁离子同样也与磺基水杨酸生成黄色络合物。所以此法测得的是Fe^{2+}离子和Fe^{3+}离子的总量。

本实验控制溶液pH＝8～11.5，这时磺基水杨酸与三价铁离子形成的黄色络合物较稳定，其反应式：

$$Fe^{3+} + 3SSal^{2-} = [Fe(SSal)_3]^{3-}$$

本法显色剂的用量及酸度调节稍有出入也影响不大，Ca^{2+}、Mg^{2+}、Cl^{-}、SO_4^{2-}及少量Al^{3+}存在对测定无干扰，但Cu^{2+}存在时有干扰。

三、仪器与试剂

（1）7200型分光光度计（尤尼柯）见附录4或722型分光光度计（上海分析仪器三厂）；

（2）容量瓶50mL、250mL；

（3）吸量管5mL、10mL或自动滴定管25mL；

（4）0.10mg·mL^{-1} Fe^{3+}标准溶液：准确称取0.8640g AR级硫酸高铁铵$NH_4Fe(SO_4)_2 \cdot 12H_2O$于小烧杯中，加水溶解，加5mL浓$H_2SO_4$，酸化后的溶液转移至250mL容量瓶中，用蒸馏水稀释至刻度，摇匀。

（5）10%磺基水杨酸水溶液；

（6）10%氯化铵水溶液；

（7）1∶10氨水。

四、实验步骤

1. 绘制标准曲线

于六只50mL容量瓶中，用吸量管各加入0.10mg·mL^{-1} Fe^{3+}标准溶液0.0mL、1.0mL、2.0mL、3.0mL、4.0mL、5.0mL；于6只50mL容量瓶中，依次各加入5mL 10% NH_4Cl溶液、5mL 10%磺基水杨酸水溶液、5mL1∶10氨水，用蒸馏水稀释至刻度，摇匀，用1cm比色皿，以不加铁的试剂空白溶液为参比溶液，于波长420nm处，分别测量各溶液的吸光度。

2. *石灰石试样中微量铁的测定*

准确称取试样 0.4 ~ 0.5g（如铁含量较高，则适当减少称量）于小烧杯中加少量蒸馏水润湿，盖上表面皿，滴加 $3mol \cdot L^{-1}$ HCl 溶液至试样完全溶解，将溶解试样完全转移至 50mL 容量瓶中，然后依次加入 5mL 10% NH_4Cl 溶液、5mL 10% 磺基水杨酸水溶液、5mL1∶10 氨水，以蒸馏水稀释至刻度，摇匀。以试剂空白溶液为参比溶液，用 1cm 比色皿，于波长 420nm 处，测量吸光度。

五、数据处理

（1）记录各标准及未知液的吸光度。

（2）在毫米方格纸上作 $A - C_V$ 标准曲线（C_V是以体积表示的标准铁溶液浓度），并求出未知铁溶液浓度（$mg \cdot mL^{-1}$）及其测量精密度。

六、注意事项

（1）试剂加入顺序应严格遵循操作步骤。

（2）使用的比色皿必须是洁净和匹配的。每次实验前，应将使用的比色皿都装上蒸馏水，测定它们之间的相对透光率。用一只盛蒸馏水的比色皿校正其他比色皿的透光率，误差不应超过 0.5%。在精确要求时，任何透光率的误差均应予以校正。

（3）在操作过程中，应十分注意比色皿表面的清洁度，如有污点将影响测定。

（4）比色皿放入比色槽内时，应注意它们的正确位置。

（5）检查仪器各个调节旋钮是否都处于起始位置，接通电源开关，打开比色皿暗箱盖。仪器预热 10 ~ 15min 后，选择精确的波长。

（6）全部测量完毕，应立即打开比色槽暗箱的盖子（以免光电管长时间受光线照射而"疲劳现象"），取出比色皿，关闭电源开关。将比色皿洗净，放好，擦干比色皿槽架，并切断电源，使仪器恢复到原位。

七、思考题

（1）配制本实验比色溶液时，所加各种试剂的作用是什么？

（2）配制本实验比色溶液时，加入试剂的顺序是否可以颠倒？为什么？

（3）本实验所用的参比溶液为什么选用试剂空白，而不用蒸馏水？

实验 7-2 邻二氮菲分光光度法测定微量铁的条件试验

一、目的要求

(1) 学会吸收曲线及标准曲线的绘制，了解分光光度法的基本原理；

(2) 掌握用邻二氮菲分光光度法测定微量铁的方法原理；

(3) 学习如何选择吸光光度分析法的实验条件。

二、基本原理

铁的吸光光度法所用的显色剂较多，有邻二氮菲(又称邻菲啰啉，菲绕林)及其衍生物、磺基水杨酸、硫氰酸盐、5-Br-PADAP 等。其中邻二氮菲分光光度法的灵敏度高、稳定性好、干扰容易消除，因而是目前普遍采用的一种方法。

在 pH 值为 2~9 的溶液中，Fe^{2+} 与邻二氮菲(Phen)生成稳定的橘红色络合物：

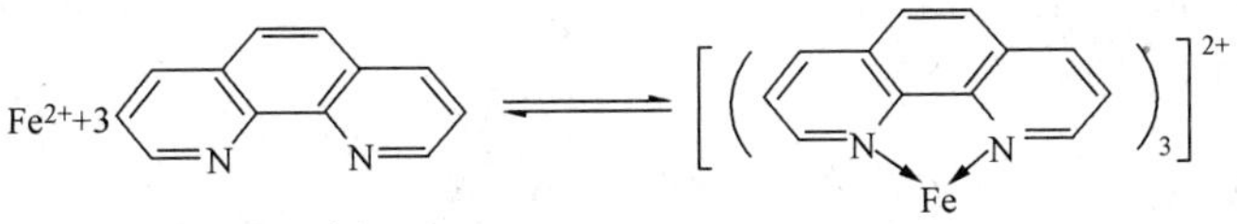

$Fe(phen)_3^{2+}$　　橘红色

其 $\lg K_{稳}=21.3$，摩尔吸光系数 $\varepsilon=1.1\times10^4 L\cdot mol^{-1}\cdot cm^{-1}$。当铁为三价状态时，可用盐酸羟胺还原，所以在加入显色剂之前，应用盐酸羟胺($NH_2OH\cdot HCl$)将 Fe^{3+} 还原为 Fe^{2+}，其反应式如下：

$$2Fe^{3+}+2NH_2OH\cdot HCl = 2Fe^{2+}+N_2\uparrow+4H^++2H_2O+2Cl^-$$

Cu^{2+}、Co^{2+}、Ni^{2+}、Cd^{2+}、Hg^{2+}、Mn^{2+}、Zn^{2+} 等离子也能与 Phen 生成稳定络合物，在少量情况下，不影响 Fe^{2+} 的测定，量大时可用 EDTA 掩蔽或预先分离。

吸光光度法的实验条件，如测量波长、溶液酸度、显色剂用量、显色时间、温度、溶剂以及共存离子干扰及其消除等，都是通过实验来确定的。本实验在测定试样中铁含量之前，先做部分条件实验，以便初学者掌握确定实验条件的方法。

选择测量波长实验时应记录为：

λ/nm	440	450	460	470	480	···
A						

同理，在制作标准曲线时应记录为(以本实验为例)：

NO.	1	2	3	4	5	6	7	8
Fe^{3+}/μg								
盐酸羟胺/mL								
邻二氮菲/mL								

续表

NO.	1	2	3	4	5	6	7	8
NaAc/mL								
H_2O								
A								

三、仪器和试剂

（1）7200 型或 721 型分光光度计，pH 计。

（2）100 μg · mL^{-1}铁标准溶液：准确称取 0.8634g(A · R 级)$NH_4Fe(SO_4)_2 \cdot 12H_2O$ 于 200mL 烧杯中，加入 20mL 6mol · L^{-1}HCl 和少量水，溶解后转移至 1L 容量瓶中，稀释至刻度，摇匀。

（3）邻二氮菲(Phen)：0.15% 水溶液。

（4）盐酸羟胺：10% 水溶液(用时配制)。

（5）NaAc：1mol · L^{-1}。

（6）NaOH：0.1mol · L^{-1}。

（7）HCl：6mol · L^{-1}。

四、实验步骤

1. 条件试验

（1）吸收曲线的制作和测量波长的选择：用吸量管吸取 0.0、1.0mL 铁标准溶液分别注入两个 50mL 容量瓶(或比色管)中，各加入 1mL 盐酸羟胺溶液、2mL 邻二氮菲、5mL NaAc，用水稀释至刻度，摇匀。放置 10min 后，用 1cm 比色皿、以试剂空白(即 0.0mL 铁标准液)为参比溶液，在 440 ~ 560nm 之间，每隔 10nm 测一次吸光度，在最大吸收峰附近，每隔 5nm 测定一次吸光度。在坐标纸上，以波长λ为横坐标，吸光度 A 为纵坐标，绘制 A 与λ关系的吸收曲线。从吸收曲线上选择测定 Fe 的适宜波长，一般选用最大吸收波长(λ_{max})为测定波长。

（2）溶液酸度的选择：取 7 个 50mL 容量瓶(或比色管)分别加入 1mL 铁标准液、1mL 盐酸羟胺、2mL Phen，摇匀。然后，用滴定管分别加入 0.0、2.0mL、5.0mL、10.0mL、15.0mL、20.0mL、30.0mL 的 0.1mol · L^{-1} NaOH 溶液，用水稀释至刻度，摇匀。放置 10min。用 1cm 比色皿、以蒸馏水为参比溶液，在选择的波长下测定各溶液的吸光度。同时，用 pH 计测量各溶液的 pH 值。以 pH 为横坐标、吸光度 A 为纵坐标，绘制 A 与 pH 关系的酸度影响曲线，得出测定铁的适宜酸度范围。

（3）显色剂用量的选择：取 7 个 50mL 容量瓶(或比色管)，各加入 1mL 铁标准液、1mL 盐酸羟胺，摇匀。再分别加入 0.10mL、0.30mL、0.50mL、0.80mL、1.0mL、2.0mL、4.0mL Phen 和 5mL NaAc 溶液，以水稀释至刻度，摇匀。放置 10min。用 1cm 比色皿、以蒸馏水为参比溶液，在选择的波长下测定各溶液的吸光度。以所取 Phen 溶液体积 V 为横坐标、吸光度 A 为纵坐标，绘制 A 与 V 关系的显色剂用量影响曲线，得出测定铁时显色剂的最大适宜用量。

（4）显色时间：在一个 50mL 容量瓶(或比色管)中，加入 1mL 铁标准液、1mL 盐酸羟胺，摇匀。再加入 2mL Phen、5mL NaAc，以水稀释至刻度、摇匀。立刻用 1cm 比色皿，以蒸馏水为参比溶液，在选择的波长下测量吸光度。然后依次测量放置 5min、10min、30min、60min、120min 后的吸光度。以时间 t 为横坐标、吸光度 A 为纵坐标，绘制 A 与 t 的显色时间影响曲线，得出铁与邻二氮菲显色反应完全所需要的适宜时间。

2. 铁含量的测定

(1)标准曲线的绘制：用移液管吸取 100 $\mu g \cdot mL^{-1}$ 铁标准溶液 10mL 于 100mL 容量瓶中，加入 2mL HCl，用水稀释至刻度、摇匀。此液为每 mL 含 Fe^{3+} 10 μg。

在 6 个 50mL 容量瓶(或比色管)中，用吸量管分别加入 0.0、2.0mL、4.0mL、6.0mL、8.0mL、10.0mL 的 10 $\mu g \cdot mL^{-1}$ 铁标准溶液，分别加入 1mL 盐酸羟胺、2mL Phen、5mLNaAc 溶液，每加入一种试剂后都要摇匀。然后，用水稀释至刻度，摇匀后放置 10min。用 1cm 比色皿，以试剂为空白(即 0.0mL 铁标准溶液)，在所选择的波长下，测量各溶液的吸光度。以含铁量为横坐标、吸光度 A 为纵坐标，绘制标准曲线。

由绘制的标准曲线，重新查出相应铁浓度的吸光度，计算 Fe^{2+} – Phen 络合物的摩尔吸光系数 ε。

(2)试样中铁含量的测定：准确吸取适量试液于 50mL 容量瓶(或比色管)中，按标准曲线的绘制步骤，加入各种试剂，测量吸光度。从标准曲线上查出和计算试样中铁的含量($\mu g \cdot mL^{-1}$)。

(3)数据处理说明：手工绘制各种条件试验曲线、标准曲线以及计算试样中物质的含量，是学生应该掌握的实验基本功。

五、注意事项

(1) 为了避免光电管长时间受光照射引起的疲劳现象，应尽可能减少光电管受光照射的时间。不测定时应打开暗室盖，特别应避免光电管受强光照射。

(2) 比色皿盛取溶液时只需装至比色皿的 3/4 即可，不要过满，以避免在测定的拉动过程中溅出，使仪器受湿、被腐蚀。

(3) 每台仪器所配套的比色皿，不能与其他仪器上的比色皿单个调换。

六、思考题

(1) 本实验量取各种试剂时应采用何种量器量取较为合适？为什么？

(2) 本实验为什么要选择酸度、显色剂用量和有色溶液的稳定性作为条件实验的项目？

(3) 吸收曲线与标准曲线有何区别？各有何实际意义？

(4) 怎样用吸光光度法测定水样中的全铁(总铁)和亚铁的含量？试拟出一简单步骤。

(5) 本实验中盐酸羟胺、醋酸钠的作用各是什么？

实验7-3　示差光度法测定六价铬

一、目的要求

（1）掌握示差光度法定量分析的实验技术；

（2）学习应用示差光度法测定常量六价铬的分析方法。

二、基本原理

对于常量六价铬，通常采用硫酸亚铁铵容量法测定，本实验采用示差光度法测定工业品重铬酸钾中六价铬的含量，高浓度的六价铬溶液本身呈黄色，因此无需显色，可直接在440nm波长处，用1cm（或0.5cm）厚吸收池进行示差光度法测定，可测定84g·L^{-1}的Cr^{6+}。

示差光度法又称微差光度法或差示光度法，它又分为浓溶液法（高吸收度示差法）、稀溶液法（低吸收度示差法）和采用两个参比溶液的示差光度法（最精确示差法），其中浓溶液法可作常量分析，应用最广。

浓溶液示差光度法是用一个浓度比试样溶液C_x稍低的标准溶液C_s作参比溶液的一种分光光度法，根据光的吸收定律：

$$A_x = KC_xL$$

$$A_s = KC_sL$$

$$则：A_x - A_s = K \cdot (C_xC_s) \cdot L$$

即：$\Delta A = K\Delta CL$

因此，当液层厚度一定时，试样溶液和参比溶液的吸光度之差与其浓度之差成正比关系，这是示差光度法的定量依据。其定量方法和直接光度法一样，通常采用标准曲线法。

三、仪器与试剂

（1）7200型或722型分光光度计；

（2）1mL、5mL吸量管；

（3）50mL容量瓶；

（4）标准六价铬浓溶液（3mg·$mL^{-1}$$Cr^{6+}$）：称取于105～110℃烘箱中预先烘干的AR级$K_2Cr_2O_7$ 8.487g，用蒸馏水溶解，转移至1000mL容量瓶中并稀释至刻度，摇匀，备用。

（5）未知六价铬浓溶液：称取于105～110℃烘箱中预先烘干的工业粗制品$K_2Cr_2O_7$ 1.000g，用蒸馏水溶解，转移至500mL容量瓶中并稀释至刻度，摇匀，备用。

四、实验步骤

（1）取浓度为3mg·mL^{-1} Cr^{6+}标准溶液1.5mL、2.0mL、3.0mL、4.0mL、5.0mL分别注入50mL容量瓶中。另取二份5.0mL未知六价铬浓溶液，分别注入二个50mL容量瓶中，然后用蒸馏水将各容量瓶稀释至刻度，摇匀。

（2）在7200型分光光度计上，在440nm波长处，用1cm比色皿，分别以含1.5mL标准六价铬溶液及相当于空白$A=0.45$的中性滤光片为参比，测定各标准及未知Cr^{6+}溶液的吸光度。

五、数据处理

(1) 记录各标准及未知液的吸光度

	样品编号/mL	2.0	3.0	4.0	5.0	X_1	X_2
吸光度	以1.5mL标准 Cr^{6+} 为参比						
	以 $A=0.45$ 中性滤光片为参比						

(2) 在同一张毫米方格纸上作 $A-C_V$ 标准曲线(示差光度法实验中因采用两种不同参比，故得两种不同斜率的 $A-C_V$ 曲线)。

(3) 根据标准曲线，求出未知 Cr^{6+} 溶液的浓度，并计算测量精密度，以及采用示差光度法求出工业粗制品中 $K_2Cr_2O_7$ 的百分含量。

六、注意事项

(1) 为了避免光电管长时间受光照射引起的疲劳现象，应尽可能减少光电管受光照射的时间，不测定时应打开暗室盖，特别应避免光电管受强光照射。

(2) 检查仪器各个调节旋钮是否都处于起始位置，接通电源开关，打开比色皿暗箱盖。仪器预热 10~15min 后，选择精确的波长。

(3) 在操作过程中，应十分注意比色皿表面的清洁度，如有污点将影响测定。

(4) 配制溶液时，严格定容至刻线。

七、思考题

(1) 为什么直接光度法不能用作常量分析，而示差光度法能作常量分析?

(2) 示差光度法有何优缺点? 仪器所附中性滤光片有何作用?

实验7-4 紫外吸收光谱法测定丙酮在不同溶剂中的氢键强度

一、目的要求

(1) 掌握紫外吸收光谱法测定某种溶液在不同溶剂中氢键强度的方法；
(2) 学会使用(岛津)UV-2501PC型紫外分光光度计的操作。

二、基本原理

当溶剂分子与溶质分子发生缔合而形成氢键时，它对溶质分子的紫外吸收光谱有较大的影响。对于同一种溶质，在采用极性较大的溶剂时，$n\rightarrow\pi^*$ 跃迁产生的吸收带将向短波方向移动；而$\pi\rightarrow\pi^*$ 跃迁产生的吸收带将向长波方向移动。由于这两种方向相反的λ_{max}移动是和溶剂分子与溶质分子间产生的氢键有关，因此可以通过测定溶质在不同溶剂的λ_{max}移动值就可计算出它在不同溶剂中的氢键强度(氢键力)。现以异丙叉丙酮$(CH_3)_2C=CHCOCH_3$为例加以说明。

异丙叉丙酮溶于极性溶剂如水中时，则其羰基氧的n电子可以与溶剂水分子形成氢键，其$\lambda_{max}=300nm$。当n电子实现 $n\rightarrow\pi^*$ 跃迁时，氢键即随之断裂，其吸收波长300nm相应能量的一部分，用于实现 $n\rightarrow\pi^*$ 跃迁，另一部分用于破坏氢键(即氢键的键能)。而异丙叉丙酮在非极性溶剂环己烷中，其中$\lambda_{max}=335nm$，由于它不能形成氢键，因此无需破坏氢键，它可将相应的能量全部用于实现 $n\rightarrow\pi^*$ 跃迁。所以它在环己烷中的紫外吸收波长大于水中的紫外吸收波长，即需要较少的能量。这一降低的能量正好与氢键(氢键的键能)相当，据此，即可计算出它在极性溶剂水中所形成氢键的强度。

因此每一摩尔溶剂中紫外光子能量为：

$$E=NhV=\frac{NhC}{\lambda}$$

$$(\text{或 } E=\frac{28635}{\lambda}\text{kcal}\cdot\text{mol}^{-1})$$

式中，能量E的单位为焦耳/摩尔，即$J\cdot moL^{-1}$(或$\frac{1}{4.184}cal\cdot mol^{-1}$)

式中 N——阿伏加德罗常数，即6.023×10^{23}；

h——普朗克常数，即$6.62\times10^{-34}J\cdot s$；

C——紫外光速度，即$3\times10^{10}cm\cdot s^{-1}$；

λ——波长，cm或nm。

所以异丙叉丙酮在环己烷中的能量为：

$$E_{环}=\frac{6.023\times10^{23}\times6.62\times10^{-34}\times3\times10^{10}}{335\times10^{7}}(J\cdot mol^{-1})$$

$$E_{环}=\frac{6.023\times6.62\times3\times10^{6}}{4.184\times335}(cal\cdot mol^{-1})=85.3(kcal\cdot mol^{-1})$$

同样，可以算出异丙叉丙酮在极性溶剂水中的能量 $E = 95.3(\mathrm{kcal \cdot mol^{-1}})$；

因此，异丙叉丙酮在水中的氢键强度为 $95.3 - 85.3 = 10.0(\mathrm{kcal \cdot mol^{-1}})$。

由于溶质在溶剂中除受到氢键作用外，还受到范德华力等作用，但其作用一般比氢键作用小，因此用紫外吸收光谱测定氢键强度时，未考虑其他作用力的因素。实践已证明，紫外吸收光谱法测得的氢键力数据与采用其他方法获得的数据是十分一致的。本实验即采用此法分别测定丙酮在水、氯仿、乙酸乙酯等溶剂中的氢键强度。

三、仪器与试剂

(1) (岛津)UV2501PC 分光光度计；

(2) 50mL 容量瓶；

(3) 1.0mL 吸量管；

(4) 丙酮、甲醇、乙醇、水、氯仿、乙酸乙酯、环己烷等均为 AR 级试剂。

四、实验步骤

(1) 取 5 只 25mL 容量瓶，各加入 0.2mL 丙酮，然后分别用蒸馏水、甲醇、乙醇、氯仿、乙酸乙酯、环己烷六种不同溶剂各定容至 25mL，摇匀，备用。

(2) 打开仪器总电源→打开电脑；

(3) 打开 UV－2501 电源(POWER)；

(4) 双击桌面 UVPC 图表；

(5) 仪器进入自检→Start →自检通过；

(6) 选择 AcquireMode 功能(定性、定量)；

(7) 选择 Configure 菜单→Parameters(选择参数)→基线调零；

(8) 空白样品放到样品架上→Baseline(基线)；

(9) 放测量样品→调零(AutoZero)→按 Start；

(10) 输入文件名，保存；

(11) 打印，存盘；

(12) 最后将环己烷溶剂放入样品光路中(参比光路为空气)，测其紫外吸收光谱。

五、数据处理

先计算出丙酮在各种溶剂中的能量，再算出丙酮在水、甲醇、乙醇、氯仿、乙酸乙酯、环己烷等溶液中的氢键强度。

六、注意事项

(1) 在自检过程和扫描过程中，不要按动任何键，不要任意打开样品室的盖子。

(2) 必须先打开电脑后再打开 UV－2501PC 仪器。

(3) 实验结束必须先关 UV－2501PC 仪器再关电脑，切断电源。

(4) 绘制紫外光谱区或紫外－可见光区吸收光谱时，使用石英比色皿；绘制可见光区吸收光谱时，使用玻璃比色皿。

(5) 使用的比色皿必须是清洁和匹配的。

(6) 对于易挥发试样，应在比色皿上盖上玻璃片。

七、思考题

(1) 实验所得环己烷溶剂的光谱，是否真实地反映了环己烷的紫外吸收光谱？为什么？(要求先解析实验所得环己烷溶剂的紫外光谱之后，再回答本题所提出的问题)

(2) 为什么要在参比光路中放置被测溶液的纯溶剂？如不放置其纯溶剂，则所得紫外光谱将发生什么变化？

实验7－5　利用紫外吸收光谱检查物质的纯度

一、目的要求

（1）学习利用紫外吸收光谱检查纯度的原理和方法；

（2）熟练紫外－可见分光度计的操作。

二、基本原理

物质的紫外吸收光谱是物质分子中生色团和助色团的贡献，也是物质整个分子的特征表现。例如具有π键电子的共轭双键化合物、芳香烃化合物等，在紫外光谱区都有强烈吸收，其摩尔吸光系数 ε 可达 $10^4 \sim 10^5$ 数量级，这与饱和烃化合物有明显的不同。利用这一特性，可以很方便地检查纯饱和烃化合物中是否含有共轭双键、芳香烃等化合物杂质。从图7－1的曲线1和曲线2可以看出，由于乙醇中含有微量苯，故在波长230～270nm处出现B吸收带，纯乙醇在该波长范围内不出现苯的B吸收带。因此可利用物质的紫外吸收光谱的不同，检查物质的纯度。如图7－2所示的蒽醌和邻苯二甲酸酐的紫外吸收光谱，由于在蒽醌分子结构中的双键共轭体系大于邻苯二甲酸酐，因此，它的吸收带红移比邻苯二甲酸酐大，且吸收带形状及其最大吸收波长各不相同，由此得到鉴定。

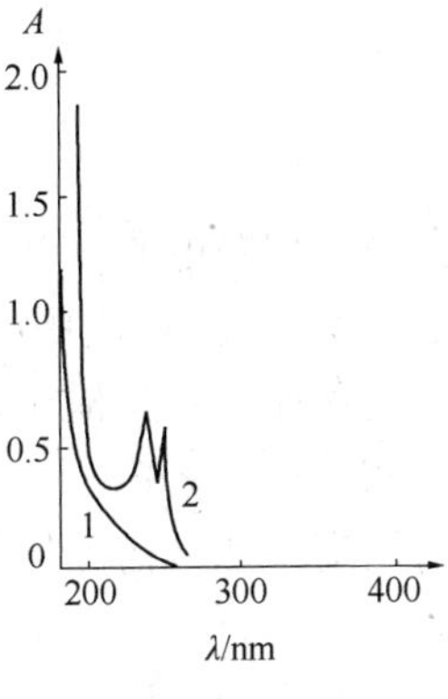

图7－1　曲线1纯乙醇紫外光谱；曲线2苯在乙醇中的紫外光谱

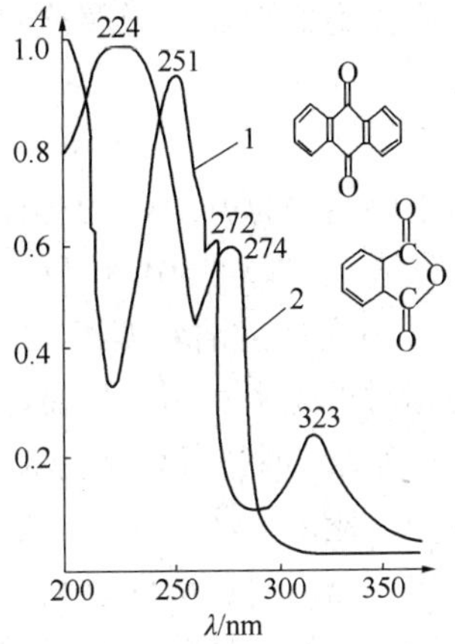

图7－2　蒽醌（曲线1）和邻苯二甲酸酐（曲线2）在甲醇中的紫外光谱

三、仪器与试剂

（1）（岛津）UV－2501 PC分光光度计；

（2）100mL容量瓶；

（3）苯、蒽醌、邻苯二甲酸酐、甲醇、乙醇、正庚烷等均为分析纯；

（4）苯的正庚烷溶液和乙醇溶液，取两只100mL容量瓶各注入10 μL苯，然后分别用正庚烷和乙醇稀释至刻度，摇匀；

（5）蒽醌的甲醇溶液（0.01g·100mL^{-1}）配制方法同上；

(6) 邻苯二甲酸酐的甲醇溶液($0.01g \cdot 100mL^{-1}$)配制方法同上。

四、实验条件及实验步骤

(1) 仪器：(岛津)UV－2501 PC 分光光度计；
(2) 波长扫描范围 400～200nm；
(3) 打开仪器总电源→打开电脑；
(4) 打开 UV－2501 电源(POWER)；
(5) 双击桌面 UVPC 图表；
(6) 仪器进入自检→Start→自检通过；
(7) 选择 Acquire Mode 功能(定性、定量)；
(8) 选择 Configure 菜单→Parameters(选择参数)→基线调零；
(9) 空白样品放到样品架上→Baseline(基线)；
(10) 放测量样品→调零(Auto Zero)→按 Start；
(11) 输入文件名，保存；
(12) 打印，存盘。
如果测得的紫外吸收峰为平头峰或太小，可改变试液浓度。

五、数据及处理

(1) 记录实验条件。
(2) 通过紫外吸收光谱的对比，说明检查纯度的可行性。

六、注意事项

(1) 必须先打开电脑后再打开 UV－2501PC 仪。
(2) 实验结束必须先关 UV－2501PC 仪，再关电脑，切断电源。
(3) 使用的比色皿必须是清洁和匹配的。每次实验前，应将使用的比色皿都装上蒸馏水，测定它们之间的相对透光率。用一只盛蒸馏水的比色皿校正其他比色皿的透光率，误差不应超过 0.5%。在精确要求时，任何透光率的误差均应予以校正。
(4) 在操作过程中，应十分注意比色皿表面的清洁度，如有污点将影响测定。
(5) 比色皿放入比色槽内时，应注意它们的正确位置。
(6) 将比色皿洗净、放好，擦干比色皿槽架，应切断电源，使仪器恢复到原位。

七、思考题

(1) 如何利用紫外吸收光谱进行物质的纯度检查？
(2) 在紫外光谱区饱和烷烃为什么没有吸收峰？
(3) 为什么紫外吸收光谱可用于物质的纯度检查？

第 8 章　红外吸收光谱法

红外吸收光谱法（Infrared Absorption Spectrometry，IR）是以一定波长的红外光谱照射物质时，若该红外光的频率，能满足物质分子中某些基团振动能级的跃迁频率条件，则该分子就吸收这一波长红外光的辐射能量，引起偶极矩变化，而由基态振动能级跃迁到较高能量的激发态振动能级。检测物质分子对不同波长红外光的吸收强度，就可以得到该物质的红外吸收光谱。图 8-1 为正辛烷 $CH_3(CH_2)_6CH_3$ 的红外吸收光谱，图中的纵坐标为吸收强度，以透光度 $T/\%$ 表示，横坐标为波长 $\lambda/\mu m$ 或波数 σ/cm^{-1}，波数与波长互为倒数（$\sigma = 10^4 \cdot \lambda^{-1}$），由图可知，正辛烷红外吸收光谱有八个吸收强度不等的吸收峰，其波数分别为：

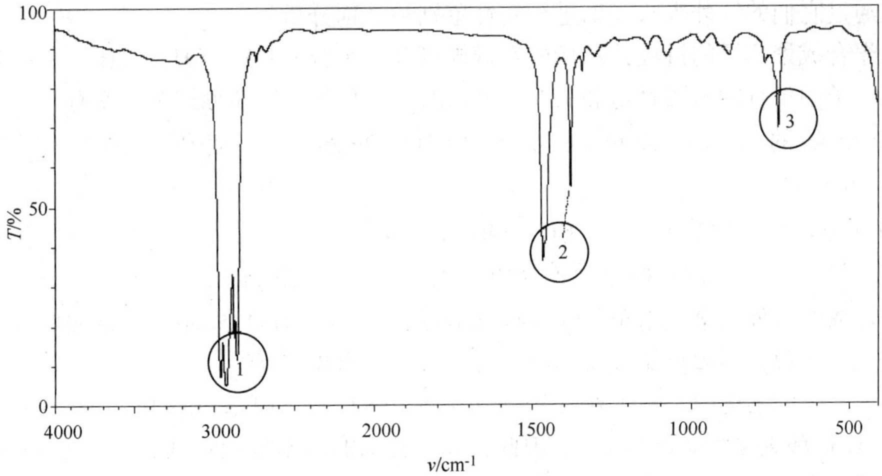

图 8-1　正辛烷的红外光谱图

（1）σ_{C-H}（$—CH_3$）$2962cm^{-1}$ 和 $2872cm^{-1}$，甲基 C—H 键伸缩振动；σ_{C-H}（$—CH_2—$）$2926cm^{-1}$ 和 $2853cm^{-1}$，亚甲基 C—H 键伸缩振动。

（2）δ_{C-H}（$—CH_3$）$1450cm^{-1}$ 和 $1375cm^{-1}$，δ_{C-H}（$—CH_2—$）$1465cm^{-1}$，为 C—H 键的面内弯曲振动。

（3）$\delta_{C-H}(—CH_2—)_n$ 中 $n \geq 4$ 时出现，$726cm^{-1}$ 长链亚甲基面外弯曲振动。

以上 σ 代表基团的伸缩振动频率，δ 代表基团的弯曲振动频率。各种化合物分子结构不同，分子振动能级吸收频率不同，其红外吸收光谱也不同。利用这一特性，可进行有机化合物的结构剖析、定性鉴定和定量分析。

绝大多数有机化合物的基团振动频率分布在中红外区（波长 2.5～25 μm），研究和应用最多的也是中红外区的红外吸收光谱法，该法具有灵敏度高、分析速度快、试样用量少，而且分析不受试样物态限制，可用于物质的气态、液态和固态的分析，所以应用范围非常广泛。红外吸收光谱法是现代结构化学、有机化学和分析化学等领域中最强有力的测试手段之一。

实验8-1 聚乙烯和聚苯乙烯膜的红外吸收光谱的测绘——薄膜法制样

一、目的要求

(1) 学习聚乙烯和聚苯乙烯膜红外光谱的测绘方法；

(2) 学习对该图谱的解析，掌握红外吸收光谱分析基本原理；

(3) 学习红外仪器的工作原理及其使用方法。

二、基本原理

不同化合物由不同的基团组成，因此有不同的振动方式和频率，得到的红外光谱也不同，可以通过它们的红外吸收光谱进行定性鉴别和结构分析。

乙烯聚合成聚乙烯的过程，乙烯的双键被打开，聚合成—$(—CH_2—CH_2—)_n$—长链，因而聚乙烯分子中仅有的基团是饱和的亚甲基(CH_2)，其基本振动形式及频率有：

① 亚甲基的反对称伸缩振动 $\sigma_{as}(CH_2)$ 2926cm^{-1}；亚甲基的对称伸缩振动 $\sigma_s(CH_2)$2853cm^{-1}；

② 亚甲基的对称弯曲振动 $\delta_s(CH_2)$1465cm^{-1}；

③ 长亚甲基链的面内摇摆振动 $\delta[(CH_2)_n, n>4]$，720cm^{-1}；

在聚乙烯的红外光谱上由于δ(C—H)1306cm^{-1}和δ(CH)1250cm^{-1}为弱吸收峰，在红外吸收光谱上未出现，因此只能观察到四个吸收峰，如图8-2所示。

在聚苯乙烯的结构中，除了亚甲基(CH_2)外，还有次亚甲基(C—H)，苯环上不饱和碳氢基团(═CH)和碳碳骨架(C ═C)。因此，聚苯乙烯的基本振动形式，如图8-3所示。除了有聚乙烯中的(1)~(3)之外还有：

① 苯环上不饱和碳氢基团伸缩振动 σ(═CH)3000~3100cm^{-1}；

② 次甲基的伸缩振动 σ(CH)2955cm^{-1}；

③ 次甲基的伸缩振动 σ(CH)1360cm^{-1}；1306cm^{-1}；

④ 苯环骨架振动 δ(C ═C)1450~1600cm^{-1}；

⑤ 苯环上单取代倍频峰 δ(C—H)1944cm^{-1}；1871cm^{-1}；1800~1749cm^{-1}；

⑥ 苯环上不饱和碳氢基团的面外弯曲振动 δ(═C—H)(苯环上邻接5个氢)770~730cm^{-1}、710~690cm^{-1}等，可见聚苯乙烯的红外光谱比聚乙烯复杂得多，由于聚乙烯和聚苯乙烯是两种不同的有机化合物，因此，可通过红外吸收光谱加以区别，进行定性鉴定和结构剖析。

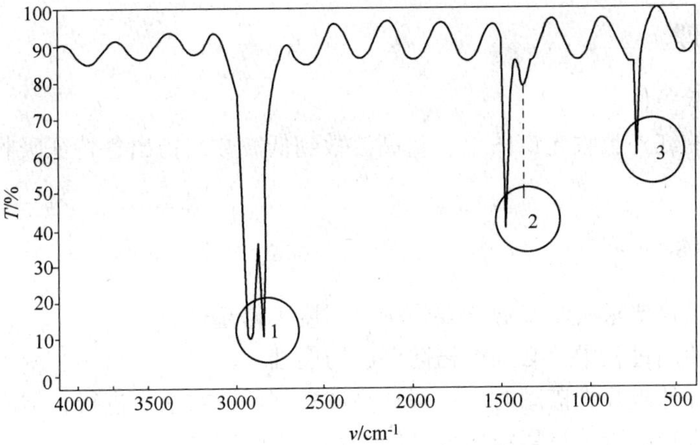

图 8－2　聚乙烯的红外吸收光谱

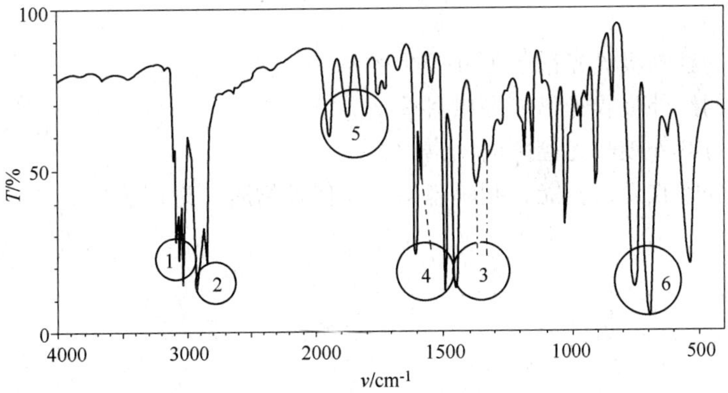

图 8－3　聚苯乙烯膜的红外吸收光谱

三、仪器与试样

（1）AVATAR370 FT－IR 傅里叶变换红外光谱仪（美国 Nicolet）；

（2）试样卡片的制作：取厚度均为 5 μm 的 30mm × 50mm 的聚乙烯和聚苯乙烯膜各一张，另取 55mm × 120mm 硬纸板四张，将它们中间开成长 30mm、宽 15mm 的长方形口，然后把薄膜分别粘夹在两张硬纸板长方形口上，即制成试样卡片，实验开始前将其分别插在试样窗口前。

四、实验步骤

（1）打开电脑→打开 Avatar 型光谱仪→单击 EZOMNIC→OK→Collect 菜单→Experiment sctup→No of Scans 16 或 32→Background Handling→OK。

（2）点击 Colsmp→Collecl Sample→点击 OK→Background→点击 OK 这时出现背景光谱图→Sample Please Prepare to Collect the Sample Spectrum→放入样品→点击 OK 开始扫描→点击 Yes→出现样品图谱→点击 Find pks→点击 Replact→点击 View→点击 Full scale→点击 Print。

（3）将聚乙烯膜卡片置于试样窗口前，根据以上操作步骤，测绘聚乙烯膜的红外吸收光谱。

（4）在同样的操作条件下测绘聚苯乙烯膜的红外吸收光谱。

五、数据处理

（1）记录实验条件。

（2）在获得的红外吸收光谱图上，从高波数到低波数，指出各特征吸收峰属于何种基团的什么形式振动。

六、注意事项

（1）红外光谱仪要求实验室温度要适中，湿度不得超过60%。

（2）仪器在使用过程中，必须严格防湿、防腐蚀。

（3）在解析红外吸收光谱图时，一般从高波数到低波数依次进行，但不必对光谱图中的每一个吸收峰都进行解析，只需指出各基团的特征吸收即可。

七、思考题

（1）化合物的红外吸收光谱是怎样产生的？

（2）化合物的红外吸收光谱能提供哪些信息？

（3）如何进行红外吸收光谱图的图谱解释？

（4）单靠红外吸收光谱，能否判断未知物是何种物质？为什么？

实验8－2　苯甲酸红外吸收光谱的测绘
——溴化钾晶体压片法制样

一、目的要求

（1）学习用红外吸收光谱进行化合物的定性分析；

（2）掌握用压片法制作固体试样晶片的方法；

（3）了解红外吸收光谱与分子结构的关系，能鉴别饱和及不饱和、脂肪族还是芳香族化合物，学会红外吸收光谱的初步解析。

二、基本原理

分子在常温下处于最低的振动、转动能级，一旦受到红外光的辐射，它就从基态跃迁到高能级态，引起吸收，由分子振动、转动能级跃迁产生的振转光谱，称为红外光谱。我们要熟悉的红外光谱，主要是分子振动光谱，波长从2.5～25 μm，即波数4000～400cm^{-1}（波数为波长的倒数）。

分子的振动分为二大类，伸缩振动（σ）和变形（弯曲）振动（δ）。而伸缩振动又分对称（σ_s）和不对称（σ_{as}）振动。变形振动又分面内变形（β）和面外变形（γ）振动。

不同物质具有不同的分子结构，即具有不同的分子基团或化学键，它们就会吸收不同的红外辐射能量而产生相应的红外吸收光谱，从而出现各种不同的红外特征吸收（峰的位置、峰的数目、峰相对强度和形状等参数）。

通常把红外光谱高频区4000～1500cm^{-1}官能团的吸收称做特征吸收或特征峰，此区峰数较稀、容易辨认，基本是分子的伸缩振动。而把1500～400cm^{-1}低频区官能团的吸收，称为指纹区，此区峰数较密，难以辨认，基本是由单键的伸缩振动和各种弯曲振动组成。我们识别红外吸收光谱时不但要看特征峰而且要看它们相互依存又可相互佐证的吸收峰。红外光谱的基本解析一般可以划分为八个区域，见附录7。

三、仪器与试剂

（1）AVATAR 370FT－IR傅里叶变换红外光谱仪（美国Nicolet）；

（2）压片机；

（3）玛瑙研钵；

（4）红外干燥灯；

（5）溴化钾：优级纯，溴化钾晶体磨细至2 μm颗粒，然后放进马弗炉在400℃下烧至4min以上，保存在干燥器内，备用；

（6）苯甲酸标样：优级纯，在110℃下烘干48min，保存在干燥器内，备用；

（7）苯甲酸试样：经提纯。

四、实验步骤

以Avatar－370FT－IR为例说明如下：

（1）打开电脑→打开Avatar型光谱仪→单击EZOMNIC→OK→Collect菜单→Experiment

sctup→No of Scans 16 或 32→Background Handling→OK。

（2）点击 Colsmp→Collecl Sample→点击 OK→Background→点击 OK 这时出现背景光谱图→Sample Please Prepare to Collect the Sample Spectrum→放入样品→点击 OK 开始扫描→点击 Yes→出现样品图谱→点击 Find pks→点击 Replact→点击 View→点击 Full scale→点击 Print。

（3）苯甲酸标样、试样和纯溴化钾晶片的制作：取保存在干燥器内的溴化钾 150mg 左右，置于洁净的玛瑙研钵中研磨均匀，然后转移到压片模具上，把压片模具置于压片机上当压力加到 $10t \cdot cm^{-2}$时，停止加压，维持 3min，小心从压模中取出透明的溴化钾晶片，并保存在干燥器内。

另取一份 150mg 左右溴化钾置于洁净的玛瑙研钵中，加入 2～3mg 优级纯苯甲酸，同上操作研磨均匀、压片并保存在干燥器内。

再取一份 150mg 左右溴化钾置于洁净的玛瑙研钵中，加入 2～3mg 苯甲酸试样，同上操作研磨均匀、压片并保存在干燥器内。

（4）根据实验条件，按仪器操作步骤，进行测绘苯甲酸标样红外吸收光谱。

（5）在相同的实验条件下，测绘苯甲酸试样的红外吸收光谱。

五、数据及处理

（1）记录实验条件。

（2）在苯甲酸标样和试样红外吸收光谱图上，标出各特征吸收峰的波数，并确定其归属。

（3）将苯甲酸试样光谱图与其标样光谱图进行对比，如果两张图谱上的各特征吸收峰及其吸收强度一致，则可认为该试样是苯甲酸。

六、注意事项

（1）制得的晶片，必须无裂痕，局部无发白现象，如同玻璃般完全透明，否则应重新制作。晶片局部发白，表示压制的晶片厚薄不匀，晶片模糊，表示吸潮，水在光谱图 $3450cm^{-1}$和 $1640cm^{-1}$处出现吸收峰。

（2）测定波长范围 2. 5～25 μm(波数 4000～$400cm^{-1}$)。

（3）使室内温度控制在 18～20℃，相对湿度≤60%。

七、思考题

（1）红外吸收光谱分析，对固体试样的制片有何要求？

（2）红外光谱实验室为什么对温度和相对湿度要维持一定的指标？

（3）在学习查阅萨特勒标准紫外光谱图基础上，你能使用分子式索引、化合物名称索引、化学分类索引、谱图顺序号索引等查阅萨特勒标准红外光谱图吗？

实验8-3　间、对二甲苯的红外吸收光谱定量分析——液膜法制样

一、目的要求

(1) 学习红外吸收光谱定量分析基本原理；

(2) 掌握基线法定量测定方法；

(3) 学习液膜法制样。

二、基本原理

红外吸收光谱定量分析与紫外-可见光分光光度定量分析的原理和方法，原则上是相同的，它的定量基础仍然是朗伯-比耳定律。但在测量时，由于吸收池窗片对辐射的发射和吸收；试样对光的散射引起辐射损失；仪器的杂散辐射和试样的不均匀性等都将引致测定误差，因而给红外吸收光谱定量分析带来一些困难，需采取与紫外-可见光分光光度法有所不同的实验技术。

由于红外吸收池的光程长度极短，很难做成两个厚度完全一致的吸收池，而且在实验过程中吸收池窗片易受到大气和溶剂中夹杂的水分侵蚀，而使其透明特性不断下降，所以在红外测定中，透过试样的光束强度，通常只简单地以空气或只放一块盐片作为参比的参比光束进行比较。并采用基线法测量吸光度，基线法如图8-4所示。测量时，在所选择的被测物质的吸收带上，以该谱带两肩的公切线AB作为基线，再通过峰值波长处t的垂直线和基线相交于r点，分别测量入射光和透射光的强度I_0和I，依照$A=\lg(I_0/I)$，求得该波长处的吸光度。

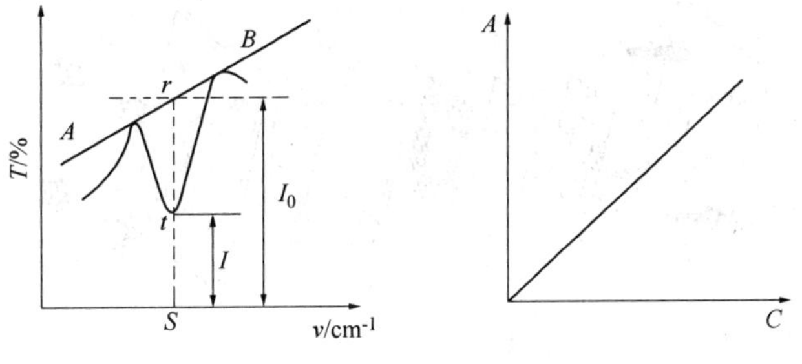

(a)基线的测定　　(b)工作曲线

图8-4　基线法

三、仪器与试剂

(1) AVATAR370 FT-IR 傅里叶变换红外光谱仪(美国 Nicolet)；

(2) 金相砂纸和5号铁砂纸；

(3) 麂皮革；

(4) 红外干燥灯；

(5) 平板玻璃 20mm×25cm；

(6) 邻、间、对二甲苯(均为分析纯)；

（7）氯化钠或溴化钾单晶块 2 ×3 ×0. 8cm³；

（8）无水乙醇(分析纯)。

四、实验步骤

（1）打开电脑→打开 Avatar 型光谱仪→单击 EZOMNIC→OK→Collect 菜单→Experiment sctup→No of Scans 16 或 32→Background Handling→OK。

（2）点击 Colsmp→Collecl Sample →点击 OK→Background→点击 OK 这时出现背景光谱图→Sample Please Prepare to Collect the Sample Spectrum→放入样品→点击 OK 开始扫描→点击 Yes→出现样品图谱→点击 Find pks→点击 Replact→点击 View→点击 Full scale→点击 Print。

（3）从干燥器中取出氯化钠或溴化钾单晶块，在红外灯的辐射下，于垫有平板玻璃的 5 号铁砂纸上，轻轻擦去单晶块上下表层，继而在金相砂纸上轻擦之，然后再在麂皮革上摩擦，并不断滴入无水乙醇，直擦到单晶块上下两面完全透明，保存于干燥器内备用。

（4）配制间二甲苯和对二甲苯的混合标样：分别吸取 2. 50mL、3. 50mL、4. 50mL 间二甲苯于三只 10mL 容量瓶中，依次加入 4. 50mL、3. 50mL、2. 50mL 对二甲苯，然后分别用邻二甲苯稀释至刻度，摇匀，配制成 1#、2#、3#混合标样。

（5）吸取不含邻二甲苯的试液 7. 00mL 于 10mL 容量瓶中，用邻二甲苯稀释至刻度，摇匀，配制成 4#混合试样。

（6）纯标样液膜的制作(包括邻、间、对三种二甲苯)：取两块已处理好的氯化钠或溴化钾单晶块，在其中一块的透明平面上放置间隔片 5(图 8 -5)，于间隔片的方孔内滴加一滴分析纯邻二甲苯溶液，将另一单晶块的透明平面对齐压上，然后将它固定在支架上，如图 8 -5 所示。这样两单晶块间的液膜厚度约为 0. 001 ~0. 05mm，随后以同样方法制作间二甲苯和对二甲苯纯标样液膜，然后把带有标样液膜的支架安置在主机的试样窗口上，以空气作参比物。

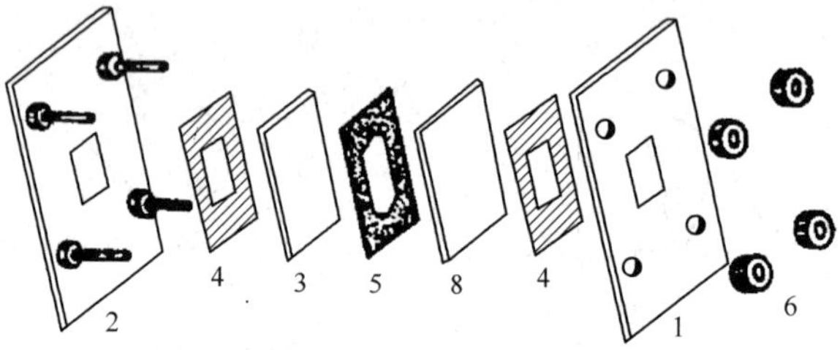

图 8 -5　可拆式液体槽

1—前框；2—后框；3—红外透光窗盐片；4—垫圈(氯丁橡胶或四氟乙烯)；5—间隔片(铅或铝)；6—螺帽

（7）按仪器操作步骤，进行调节，然后分别测绘以上制作的三种标样液膜的红外吸收光谱。

（8）按同样方法制作 1#、2#、3#混合标样和 4#混合标试样的液膜，并以相同的实验条件，分别测绘它们的红外吸收光谱。

五、数据处理

（1）记录实验条件。

（2）在所测绘的三种纯标样红外吸收光谱图上，标出各基团基频峰的波数及其归属，并讨论这三种同分异构体在红外光谱上的异同点。

(3) 应用 AVATAR 370 FT - IR 红外光谱仪中“OMNIC”应用软件的“峰高工具”，在所测绘的混合标样和混合试样的红外吸收光谱图上，依照图 8 - 4(a)基线法对邻二甲苯特征吸收峰 $743cm^{-1}$、间二甲苯特征吸收峰 $692cm^{-1}$和对二甲苯特征吸收峰 $792cm^{-1}$分别测量各自的校正过的吸光度值 A，并将其值列入下表中，计算各 $A_{试样}/A_{内标}$值(以邻二甲苯作内标)。

		1#	2#	3#	4#
邻二甲苯($743cm^{-1}$)	I_0				
	I				
间二甲苯($692cm^{-1}$)	I_0				
	I				
对二甲苯($792cm^{-1}$)	I_0				
	I				
$A_{试样}/A_{内标}$	间二甲苯				
	对二甲苯				

(4) 分别作间二甲苯和对二甲苯的($A_{试样}/A_{内标}$) - C/%(体积浓度)标准曲线，并求出回归方程和相关系数。在标准曲线上查出试样中的间二甲苯和对二甲苯的 C/%(体积浓度)，进一步计算原试样中这两种成分的含量。

六、注意事项

(1) KBr 或 NaCl 盐片装入可拆式液池架后，螺丝不宜拧得过紧，否则会压碎盐片；拆装池时避免晶体磕碰及划伤；扫描完毕，应该用四氯化碳清洗盐片，并立即将盐片放回干燥器内保存。

(2) KBr 或 NaCl 盐片不能与水接触，操作时，环境、接触物及手均要求保持干燥，样品不能含有水分。

七、思考题

(1) 红外吸收光谱定量分析为什么要采用基线法?

(2) 采用液膜法进行红外光谱定量，应注意哪些问题?

(3) 试举例说明用基线法作图，如何确定 I_0与 I 值?

第 9 章　分子荧光光谱法

分子吸收了辐射能成为激发分子，当它再由激发态回到基态时发射光，其波长比吸收的入射光波长要长，这种发光方式称为光致发光。分子荧光是常见的光致发光。

某些物质经紫外光或波长较短的可见光照射后，会发射出比入射波长更长的荧光。荧光光谱能反映物质的特性。建立在测量荧光强度和波长基础上的分析方法称为荧光分析法。

对同一物质而言，在稀溶液(即 $A = abc < 0.05$)中，荧光强度 F 与该物质的浓度 C 有以下关系：

$$F = 2.3\varphi_f abcI_0 \tag{1}$$

式中 φ_f 为荧光过程的量子效率，a 为荧光分子的吸光系数，b 为试样的吸光光程，I_0 为入射光的强度。当 I_0 及 b 不变时，式(1)为：

$$F = Kc \tag{2}$$

式中 K 为常数。

荧光法具有灵敏度高(超过分光光度法 2 ~3 个数量级)、取样少、方法快速等特点，现已成为医药、农业、环境保护、化工等领越中的重要分析方法之一。由于许多物质本身不会发生荧光，故在使用范围上受到一定的限制。

荧光分析仪分为目视、光电、分光三种类型。其组成有光源、单色器(滤光片或光栅)、液池和检测器。光学系统示意图见图 9 -1。

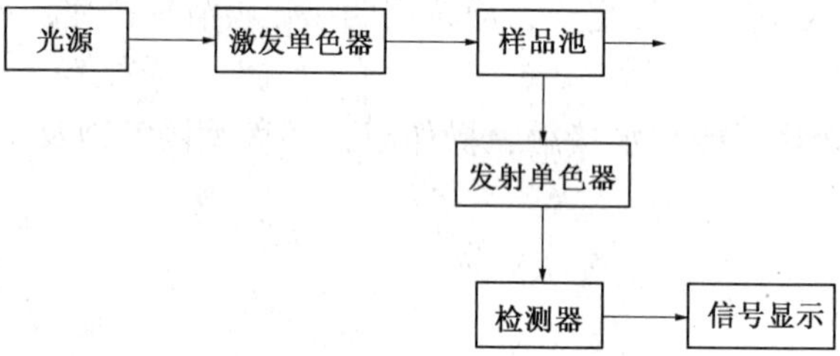

图 9 -1　荧光光度计光学系统图

光源发出的光经第一单色器(激发光单色器)，得到所需要的强度为 I_0 的激发光波长，通过液池，部分光线被荧光物质吸收，荧光物质被激发后，向四面八方发射荧光。为了消除入射光及杂散光的影响，荧光的测量在与激发光成直角的方向。经过第二单色器(荧光单色器)，将所需要的荧光与可能共存的其他干扰光分开。荧光照在检测器上，光信号变成电信号，经放大，记录仪记录。

实验9-1 荧光法测定维生素B_2片剂中核黄素含量

一、目的要求

(1) 理解荧光分光光度法测定维生素B_2片剂中的分析原理；

(2) 掌握荧光分光光度计的操作技术；

(3) 掌握测定维生素B_2片剂的方法。

二、基本原理

维生素B_2(又叫核黄素)是橘黄色无臭的针状结晶，其结构式为：

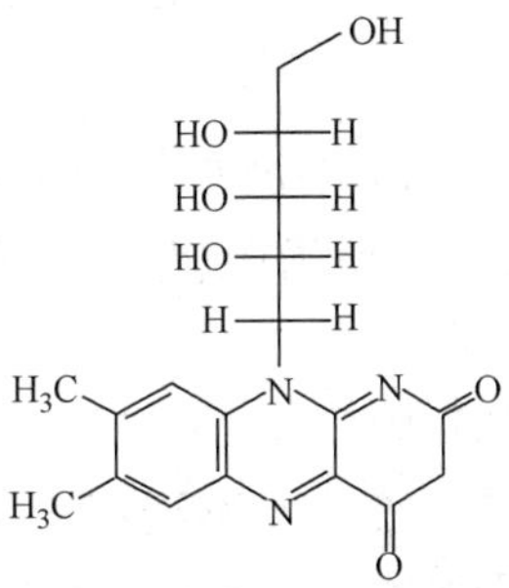

维生素B_2易溶于水而不溶于乙醚等有机溶剂，在中性或酸性溶液中稳定，光照易分解，对热稳定。

核黄素即维生素B_2(VB_2)，在230～490nm范围波长的光照下，激发出峰值在526nm左右的绿色荧光，在pH=6～7范围内荧光强度最大，在pH=11时荧光消失。基于上述性质建立核黄素的荧光分析法，选择合适的激发波长、荧光波长和实验条件，即可进行定量测定。维生素B_2在碱性溶液中经光线照射会发生分解而转化为光黄素，光黄素的荧光比核黄素的荧光强得多，故测维生素B_2的荧光时，溶液要控制在酸性范围内、且在避光条件下进行。

三、仪器与试剂

(1) 岛津RF-5301PC型荧光分光光度计或(任一型号)；离心机；离心管；酸度计或pH试纸；吸量管；容量瓶；比色管；烧杯。

(2) 核黄素(生化试剂，含量98.0%～102.0%)；冰醋酸(AR)；盐酸(AR)；氢氧化钠(AR)；市售维生素B_2片剂。

四、实验步骤

1. 试剂溶液的配制

(1)5%醋酸溶液：取5份体积冰醋酸，与95份体积蒸馏水混合。

(2)1:1盐酸溶液：取1份浓盐酸，用1份蒸馏水稀释。

(3)10%氢氧化钠溶液：称取氢氧化钠5g用水溶解并稀释为50mL。

(4)100μg·mL^{-1}核黄素标准溶液：准确称取核黄素0.1000g，用5%醋酸溶液溶解，稀释并定容为100mL。移取此溶液5.0mL至50mL容量瓶中，5%醋酸溶液稀释至刻度。

2. 实验条件的选择

(1)激发光波长和荧光波长的选择：准确移取100 μg·mL^{-1}的核黄素标准溶液1.0mL于25mL比色管中，用5%醋酸溶液稀释至刻度，摇匀。转移部分溶液至样品池中，将荧光分光光度计的荧光波长暂设定在526nm处，在200~500nm波长范围内对激发波长(即入射波长)进行扫描，记录激发光谱曲线，约在265nm、372nm、442nm有三个峰。然后将激发光波长设定在442nm处，在400~700nm波长范围内对荧光波长扫描，记录荧光光谱曲线，约在526nm处荧光强度最大。从激发光谱及荧光光谱上确定最佳的激发光波长和最佳荧光波长。

(2)酸度的选择：于一组25mL容量瓶中加入100 μg·mL^{-1}的核黄素标准溶液1.0mL，然后分别用1:1盐酸、5%醋酸和10%氢氧化钠溶液稀释至刻度，摇匀后用酸度计或pH试纸测定溶液pH值，并于荧光分光光度计上测出相应的荧光强度，考察酸度对荧光强度的影响，从中确定最佳调节pH值的溶液。

3. 标准系列溶液的配制

准确移取100 μg·mL^{-1}的核黄素标准溶液0、0.5mL、1.0mL、1.5mL、2.0mL、2.5mL分别置于6个25mL比色管中，用2.(2)所确定pH稀释至刻度，摇匀。

4. 样品测定

取一片维生素B_2，置于50mL烧杯中，加入约12mL 5%醋酸溶液，用玻璃棒捣碎药片，水浴上加热使样品完全溶解，并由混浊变为基本透明后，取下冷却，转入50mL容量瓶中，用2.(2)所确定的pH值溶液稀释至刻度，摇匀，取数mL于离心管中进行离心，用吸量管准确移取一定量的上层清液于25mL比色管中，再用上述溶液稀释至刻度，摇匀制成试液。在与标准曲线一致的实验条件下测定试液的荧光强度，在标准曲线上查出核黄素的浓度并根据样品取样量和稀释倍数，计算出一片维生素B_2中核黄素的含量(mg/片)。

五、注意事项

(1) 维生素B_2水溶液遇光易变质，标准溶液应新鲜配制，维生素B_2的碱性水溶液亦易变质。

(2) 测定顺序要从稀到浓，以减少测量误差。

(3) 实验所用的样品池是四面透光的石英池，拿取时用手指掐住池体棱边，不能接触到透光面，清洗样品池后应用擦镜纸对其四个面进行轻轻擦拭。

(4) 在测试样品时，应注意样品的浓度不能太高，否则由于存在荧光猝灭效应，样品浓度与荧光强度不呈线性关系，造成定量工作出现误差。

六、思考题

(1) 试述荧光分光光度计与紫外－可见分光光度计在结构上有哪些不同点？

(2) 维生素B_2在pH=6~7时荧光强度最强，本实验为何在酸性溶液中测定？

实验9－2　荧光分析法同时测定羟基苯甲酸的邻、间位异构体

一、目的要求

（1）用荧光分析法定量进行多组分含量测定；

（2）进一步熟悉使用岛津 RF－5301PC 型荧光分光光度计。

二、基本原理

邻－羟基苯甲酸和间－羟基苯甲酸虽然分子组成相同，但因其取代基的位置不同而具有不同的荧光性质。在 pH＝12 的碱性溶液中，二者在 310nm 附近紫外光的激发下均会发射荧光；而在 pH＝5.5 的弱酸性溶液中，间－羟基苯甲酸不能发荧光，而邻－羟基苯甲酸因羟基与羧基形成分子内氢键，增强了分子刚性而有较强荧光，并且其荧光波长及强度与 pH 值为 12 时相同。利用上述性质，可以同时测定邻－羟基苯甲酸和间－羟基苯甲酸混合物中两组分的含量。在 pH＝5.5 时直接测定二者混合物中邻－羟基苯甲酸的荧光强度，间－羟基苯甲酸不干扰测定；在 pH＝12 时二者共同产生的荧光强度，后者减去前者得到的间－羟基苯甲酸荧光强度，通过荧光强度和浓度的关系，即可分别求得邻－羟基苯甲酸和间－羟基苯甲酸的含量。已有研究表明，二者荧光强度与其浓度在 0～12μg·mL^{-1}范围内均呈良好线性关系，并且对－羟基苯甲酸在上述条件下均不会发射荧光，不会干扰测定，故而亦可在邻、间、对－羟基苯甲酸三者共存时，用上述方法鉴定及测量邻－羟基苯甲酸和间－羟基苯甲酸的含量。

三、仪器与试剂

（1）岛津 RF－5301PC 型荧光分光光度计（或任一型号）；

（2）25mL 比色管；

（3）吸量管；

（4）150μg·mL^{-1}邻－羟基苯甲酸标准溶液（水溶液）；

（5）150μg·mL^{-1}间－羟基苯甲酸标准溶液（水溶液）；

（6）HAc－NaAc 缓冲溶液：47g NaAc 和 6g 冰醋酸溶于水并稀释至 1L，得 pH＝5.5 的缓冲溶液；

（7）0.1mol·L^{-1}NaOH 溶液。

四、实验步骤

1. 配置标准系列和未知溶液

（1）分别移取 0.4mL、0.8mL、1.2mL、1.6mL、2.0mL 邻－羟基苯甲酸标准溶液于 5 个 25mL 比色管中，各加入 2.5mL pH＝5.5 的 HAc－NaAc 缓冲溶液，用蒸馏水稀释至刻度，摇匀。

（2）分别移取 0.4mL、0.8mL、1.2mL、1.6mL、2.0mL 间－羟基苯甲酸标准溶液于 5 个 25mL 比色管中，各加入 3.0mL 0.1mol·L^{-1}NaOH 溶液，用蒸馏水稀释至刻度，摇匀。

(3)取二份未知溶液各2.0mL于25mL比色管中，其中一份加入2.5mL pH = 5.5的HAc - NaAc缓冲溶液，另一份加入3.0mL 0.1mol · L^{-1} NaOH溶液，均用蒸馏水稀释至刻度，摇匀。

2. 荧光激发光谱和发射光谱的绘制

用上述(1)中第三份溶液和(2)中第三份溶液分别绘制邻 - 羟基苯甲酸和间 - 羟基苯甲酸的激发光谱和发射光谱。先固定发射波长为400nm，在250 ~ 350nm区间进行激发波长扫描，获得溶液的激发光谱和荧光最大激发波长 λ_{ex}，再固定最大激发波长 λ_{ex}，在350 ~ 500nm区间进行发射波长扫描，获得溶液的发射光谱和荧光最大发射波长 λ_{em}。

3. 标准曲线的绘制及未知溶液的测定

设置上述实验所确定的最大发射波长 λ_{em} 和最大激发波长 λ_{ex}，在此组波长下测定上述各标准系列溶液的荧光强度。并在此组波长下测定上述标准系列各溶液和未知溶液的荧光强度。

五、数据处理

以各标准溶液的荧光强度为纵坐标，分别以邻 - 羟基苯甲酸或间 - 羟基苯甲酸溶液浓度为横坐标绘制标准曲线。根据pH = 5.5的未知溶液的荧光强度，可从邻 - 羟基苯甲酸的标准曲线上确定邻 - 羟基苯甲酸在未知溶液中的浓度；根据pH = 12时未知溶液的荧光强度与pH = 5.5的未知溶液荧光强度的差值，可从间 - 羟基苯甲酸的标准曲线上确定未知溶液中间 - 羟基苯甲酸的浓度。

六、注意事项

(1) 测定顺序要从稀到浓，以减少测量误差。

(2) 由于同类物质的荧光光谱一般情况下区别不大，作为定性分析特征性不强。因此，本实验鉴定未知样品是有前提条件的，不仅需要控制样品的pH值，还必须是单一组分的样品。

七、思考题

(1) 与紫外可见光谱分析相比，荧光分析法有何特点？

(2) 从本实验中总结出几条影响物质荧光强度的因素。

实验9－3 奎宁的荧光特性和含量测定

一、目的要求

（1）掌握荧光法定量测定奎宁含量的原理与方法；

（2）了解溶液的pH值和卤化物对奎宁荧光的影响及荧光法测定奎宁的含量；

（3）进一步熟悉使用岛津RF－5301PC型荧光分光光度计。

二、基本原理

奎宁在稀硫酸溶液中是强的荧光物质，它有两个激发波长250nm和350nm，荧光发射峰在450nm。奎宁的荧光强度随着溶液酸度的改变，发生明显改变。除了酸度对它有显著的影响外，卤素等重原子也对其荧光强度有明显的猝灭作用。因此，奎宁样品浓度的测定，必须固定其他的实验条件，在低浓度时，采用标准曲线法，即用已知浓度的标准物质，按试样相同的处理方法，配制成一系列标准溶液。通过测定这些溶液的荧光强度，以荧光强度为纵坐标，标准溶液浓度为横坐标绘制标准曲线，再根据试样溶液的荧光强度，在标准曲线上求出试样中荧光物质的含量。

三、仪器与试剂

（1）岛津RF－5301PC型荧光分光光度计或（任一型号）；石英比色皿；容量瓶：1000mL 2只，250mL 1只，50mL 10只；10mL吸量管一支。

（2）奎宁储备液（100.0μg·mL^{-1}）：120.7mg硫酸奎宁二水合物中加入1mol·L^{-1} 50mLH_2SO_4溶液溶解，并用去离子水定容至1000mL。将此溶液稀释10倍，得10.00μg·mL^{-1}奎宁标准溶液；

（3）0.05mol·L^{-1}NaBr溶液；缓冲溶液（pH值为1.0、2.0、3.0、4.0、5.0、6.0）；

（4）0.05mol·$L^{-1}$$H_2SO_4$溶液。

四、实验步骤

1. 未知液中奎宁含量的测定

（1）系列标准溶液的配制：取6只50mL容量瓶，分别加入10.00μg·mL^{-1}奎宁标准溶液0.00、2.00mL、4.00mL、6.00mL、8.00mL、10.00mL，用0.05mol·$L^{-1}$$H_2SO_4$稀释至刻度，摇匀。

（2）绘制激发光谱和荧光光谱：以λ_{em}＝450nm，在200～500nm范围扫描激发光谱，以λ_{ex}＝250nm和350nm，在400～600nm范围扫描荧光光谱。

（3）将激发波长固定在350（或250）nm，发射波长为450nm，测量系列标准溶液的荧光强度。

（4）未知样的测定：取4～5片药品称重，在研钵中研磨，准确称取约0.1g，用0.05mol·$L^{-1}$$H_2SO_4$溶液溶解，转移至1000mL容量瓶中，用0.05mol·$L^{-1}$$H_2SO_4$溶液稀释至刻度，摇匀。再取上述溶液5.00mL至50mL容量瓶中，用0.05mol·$L^{-1}$$H_2SO_4$溶液稀释至刻度，摇匀。与标准系列溶液同样条件，测量试样溶液的荧光强度。

2. pH 值与奎宁荧光强度试验

取六只 50mL 容量瓶，分别加入 $10.00\mu g \cdot mL^{-1}$ 奎宁标准溶液 4.00mL，并分别用 pH 值为 1.0、2.0、3.0、4.0、5.0、6.0 的缓冲溶液稀释至刻度(有一只未加缓冲溶液)，摇匀。绘制 6 个溶液的荧光激发光谱和发射光谱，在选定的激发和发射波长处测定溶液的荧光强度。

3. 卤化物猝灭奎宁荧光强度试验

分别取 $10.00\mu g \cdot mL^{-1}$ 奎宁标准溶液 4.00mL 于 5 个 50mL 容量瓶中，分别加入 $0.05mol \cdot L^{-1}$ NaBr 溶液 1mL、2mL、4mL、8mL、16mL，用 $0.05mol \cdot L^{-1}$ H_2SO_4 溶液稀释至刻度，摇匀。测量它们的荧光强度。

五、数据处理

(1) 绘制荧光强度对奎宁溶液浓度的标准曲线，并由标准曲线确定未知试样的浓度，计算药片中的奎宁含量。

(2) 以荧光强度为纵坐标，以溶液 pH 值为横坐标作图，并得出奎宁荧光强度与 pH 值关系的结论。

(3) 以荧光强度为纵坐标，溴离子浓度为横坐标作图，并解释结果。

六、注意事项

奎宁溶液必须每天配制并避光保存。

七、思考题

(1) 为什么测量荧光时，检测器必须和激发光的方向成直角?

(2) 如何绘制荧光激发光谱和发射光谱?

(3) 能用 $0.05mol \cdot L^{-1}$ HCl 溶液来代替 $0.05mol \cdot L^{-1}$ H_2SO_4 溶液稀释吗? 为什么?

实验9－4 荧光法测定乙酰水杨酸和水杨酸

一、目的要求

(1) 掌握用荧光法测定药物中乙酰水杨酸和水杨酸的方法；

(2) 进一步熟悉使用岛津 RF－5301PC 型荧光分光光度计。

二、基本原理

通常称为 ASA 的乙酰水杨酸(阿司匹林)水解即生成水杨酸(SA)，而在阿司匹林中，都或多或少存在一些水杨酸。用氯仿作为溶剂，用荧光法可以分别测定它们。加少许醋酸可以增加二者的荧光强度。

在 1% 乙酸－氯仿中，乙酰水杨酸和水杨酸的激发光谱和荧光光谱如图 9－2 所示。

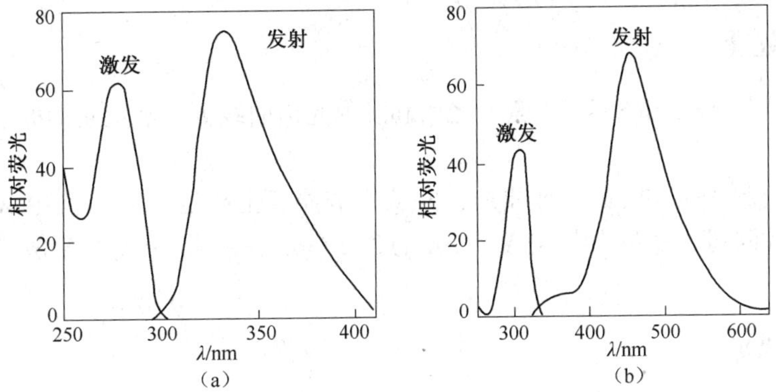

图 9－2 在 1% 乙酸－氯仿中乙酰水杨酸(a)和水杨酸(b)的激发光谱和荧光光谱

为了消除药片之间的差异，可取几片药片一起研磨，然后取一定量的粉末试样用于分析。

三、仪器与试剂

(1) 岛津 RF－5301PC 型荧光分光光度计(或任一型号荧光计)；石英比色皿；容量瓶；吸量管。

(2) $400\mu g \cdot mL^{-1}$ 乙酰水杨酸储备液：称取 0.4000g 乙酰水杨酸溶于 1% 乙酸－氯仿溶液中，用 1% 乙酸－氯仿溶液定容于 1000mL 容量瓶中，摇匀，备用。

(3) $750\mu g \cdot mL^{-1}$ 水杨酸储备液：称取 0.750g 水杨酸溶于 1% 乙酸－氯仿溶液中，并用 1% 乙酸－氯仿溶液定容于 1000mL 容量瓶中，摇匀，备用。

(4) 醋酸；氯仿；阿司匹林药片。

四、实验步骤

1. 绘制 ASA 和 SA 的荧光激发光谱和发射光谱

将乙酰水杨酸和水杨酸储备液分别稀释 100 倍(每次稀释 10 倍，分二次完成)。用该溶液分别绘制 ASA 和 SA 的荧光激发光谱和发射光谱曲线，并分别找到它们的最大激发波长和最大发射波长。

2. 制作标准曲线

(1)乙酰水杨酸标准曲线：在五只50mL容量瓶中，用吸量管分别加入4.00μg·mL^{-1} ASA标准溶液2.00mL、4.00mL、6.00mL、8.00mL、10.00mL，用1%乙酸－氯仿溶液稀释至刻度，摇匀。分别测量它们的荧光强度。

(2)水杨酸标准曲线：在五只50mL容量瓶中，用吸量管分别加入7.50μg·mL^{-1}SA标准溶液2.00mL、4.00mL、6.00mL、8.00mL、10.00mL，用1%乙酸－氯仿溶液稀释至刻度，摇匀。分别测量它们的荧光强度。

(3)阿司匹林药片中乙酰水杨酸和水杨酸的测定：将5片阿司匹林药片称量后磨成粉末，称取400.0mg用1%乙酸－氯仿溶液溶解，全部转移至100mL容量瓶中，用1%乙酸－氯仿溶液稀释至刻度。迅速通过定量滤纸干过滤，用该滤液在与标准溶液同样条件下测量SA荧光强度。

将上述滤液稀释1000倍(用三次稀释来完成)，与标准溶液同样条件测量ASA荧光强度。

五、数据处理

(1) 从绘制的ASA和SA荧光激发光谱和发射光谱曲线上，确定它们的最大激发波长和最大发射波长。

(2) 分别绘制ASA和SA标准曲线，并从标准曲线上确定试样溶液中ASA和SA的浓度，并计算每片阿司匹林药片中ASA和SA的含量(mg)，并将ASA测量值与说明书上的值比较。

六、注意事项

阿司匹林药片溶解后，1h内要完成测定，否则ASA的量将降低。

七、思考题

(1) 标准曲线是直线吗？若不是，从何处开始弯曲？请解释原因。

(2) 从ASA和SA的激发光谱和发射光谱曲线，解释这种分析方法可行的原因。

附录1　分析实验室用水的规格和制备

分析实验室用于溶解、稀释和配制溶液的水，都必须先经过纯化。分析要求不同，对水质纯度的要求也不同。故应根据不同要求，采用不同纯化方法制得纯水。

一般实验室用的纯水有蒸馏水、二次蒸馏水、去离子水、无二氧化碳蒸馏水、无氨蒸馏水等。

一、分析实验室用水的规格

附表1－1　分析实验室用水规格

项　目		一级	二级	三级
pH值范围(25℃)		—①	—	5.0~7.5
电导率，κ(25℃)/ms·m^{-1}	≤	0.01	0.10	0.50
可氧化物质以(o)计，ρ(o)/mg·L^{-1}	≤	—	0.08	0.4
吸光度A(254nm，1cm光程)	≤	0.001	0.01	
蒸发残渣(105℃±2℃)，ρ(o)/mg·L^{-1}	≤	—	1.0	2.0
可溶性硅(以SiO_2计)ρ(SiO_2)/mg·L^{-1}	≤	0.01	0.02	

①难以测定，不作规定。

根据中华人民共和国国家标准GB6682—92《分析实验室用水规格及试验方法》的规定，分析实验室用水分为三个级别：一级水、二级水和三级水。分析实验室用水应符合附表1－1所列规格。

一级水用于有严格要求的分析实验，包括对颗粒有要求的实验，如高效液相色谱用水。一级水可用二级水经过石英设备蒸馏或离子交换混合床处理后，再经0.2mm微孔滤膜过滤来制取。

二级水用于无机痕量分析等试验，如原子吸收光谱分析用水。二级水可用多次蒸馏或离子交换等方法制取。

三级水用于一般化学分析实验。三级水可用蒸馏或离子交换等方法制取。

实验室使用的蒸馏水，为保持纯净，蒸馏水瓶要随时加塞，专用虹吸管内外均应保持干净。蒸馏水瓶附近不要存放浓$NH_3·H_2O$、HCl等易挥发试剂，以防污染。通常用洗瓶取蒸馏水。用洗瓶取水时，不要取出其塞子和玻管，也不要把蒸馏水瓶上的虹吸管插入洗瓶内。

通常，普通蒸馏水保存在玻璃容器中，去离子水保存在聚乙烯塑料容器中。用于痕量分析的高纯水，如二次亚沸石英蒸馏水，则需要保存在石英或聚乙烯塑料容器中。

二、水纯度的检查

按照国家标准GB6682—92所规定的试验方法检查水的纯度是法定的水质检查方法。根据各实验室分析任务的要求和特点往往对实验用水也经常采用如下方法进行一些项目的检查：

（1）酸度：要求纯水的 pH 值在 6 ~ 7。检查方法是在两支试管中各加 10mL 待测的水，一管中加 2 滴 0.1% 甲基红指示剂，不显红色；另一管加 5 滴 0.1% 溴百里酚蓝指示剂，不显蓝色，即为合格。

（2）硫酸根：取待测水 2 ~ 3mL 放入试管中，加 2 ~ 3 滴 $2mol \cdot L^{-1}$ 盐酸酸化，再加 1 滴 0.1% 氯化钡溶液，放置 15h，不应有沉淀析出。

（3）氯离子：取 2 ~ 3mL 待测水，加 1 滴 $6mol \cdot L^{-1}$ 硝酸酸化，再加 1 滴 0.1% 硝酸银溶液，不应产生混浊。

（4）钙离子：取 2 ~ 3mL 待测水，加数滴 $6mol \cdot L^{-1}$ 氨水使呈碱性，再加饱和草酸铵溶液 2 滴，放置 12h 后，无沉淀析出。

（5）镁离子：取 2 ~ 3mL 待测水，加 1 滴 0.1% 鞑革达黄及数滴 $6mol \cdot L^{-1}$ 氢氧化钠溶液，如有淡红色出现，即有镁离子，如呈橙色则合格。

（6）铵离子：取 2 ~ 3mL 待测水，加 1 ~ 2 滴内氏试剂，如呈黄色则有铵离子。

（7）游离二氧化碳：取 100mL 待测水注入锥形瓶中，加 3 ~ 4 滴 0.1% 酚酞溶液，如呈淡红色，表示无游离二氧化碳；如为无色，可加 $0.1000mol \cdot L^{-1}$ 氢氧化钠溶液至淡红色，1min 内不消失，即为终点。计算出游离二氧化碳的含量。注意，氢氧化钠溶液用量不能超过 0.1mL。

三、水纯度分析结果的表示

通常用以下几种表示方法：

（1）毫克/升（$mg \cdot L^{-1}$）：表示每升水中含有某物质的毫克数。

（2）微克/升（$mg \cdot L^{-1}$）：表示每升水中含有某物质的微克数。

（3）硬度：我国采用 1L 水中含有 10mg 氧化钙作为硬度的 1 度，这和德国标准一致，所以有时也称作 1 德国度。

四、各种纯度水的制备

1. 蒸馏水

将自来水在蒸馏装置中加热汽化，然后将蒸汽冷凝即可得到蒸馏水。由于杂质离子一般不挥发，所以蒸馏水中所含杂质比自来水少得多，比较纯净，可达到三级水的指标，但还有少量金属离子、二氧化碳等杂质。

2. 二次石英亚沸蒸馏水

为了获得比较纯净的蒸馏水，可以进行重蒸馏，并在准备重蒸馏的蒸馏水中加入适当的试剂以抑制某些杂质的挥发。如加入甘露醇能抑制硼的挥发。加入碱性高锰酸钾可破坏有机物并防止二氧化碳蒸出。二次蒸馏水一般可达到二级水指标。第二次蒸馏通常采用石英亚沸蒸馏器，其特点是在液面上方加热，使液面始终处于亚沸状态，可使水蒸气带出的杂质减至最低。

3. 去离子水

去离子水是使自来水或普通蒸馏水通过离子树脂交换柱后所得的水。制备时，一般将水依次通过阳离子树脂交换柱、阴离子树脂交换柱、阴阳离子树脂混合交换柱。这样得到的水纯度比蒸馏水纯度高，质量可达到二级或一级水指标，但对非电解质及胶体物质无效，同时会有微量的有机物从树脂中溶出，因此，根据需要可将去离子水进行重蒸馏以得到高纯水。

市售70型离子交换纯水器可用于实验室制备去离子水。

4. 特殊用水的制备

无氨蒸馏水：①每升蒸馏水中加25mL 5%的氢氧化钠溶液后，再煮沸1h，然后用前述的方法检查铵离子。②每升蒸馏水中加2mL浓硫酸，再重蒸馏，即得无氨蒸馏水。

无二氧化碳蒸馏水：煮沸蒸馏水，直至煮去原体积的1/4或1/5，隔离空气，冷却即得。此水应储存于连接碱石灰吸收管的瓶中，其pH值应为7。

无氯蒸馏水：将蒸馏水在硬质玻璃蒸馏器中先煮沸，再进行蒸馏，收集中间馏出部分，即得无氯蒸馏水。

附录2　3200型原子吸收分光光度计的使用

3200型原子吸收分光光度计是双光束仪器，具有火焰原子化器和石墨炉原子化器两种功能。

一、仪器

3200型原子吸收分光光度计各种开关、旋钮名称和功能见附图2－1，石墨炉电源各开关、旋钮名称和功能见附图2－2。

二、主要技术指标

波长范围：190.0～860.0nm；波长精度；全波段≤0.5nm；波长重现性≤0.2nm；单色器类型：水平对称式；焦距：350mm；衍射光：面积$64\times64mm^2$，刻线条数1200条/mm，闪跃波长250.0nm，线色散倒数2.38nm/mm，实际分辨本领：（单色器带宽0.2nm）可分开Ni三线：231.1nm，231.6nm，232.0nm。

三、操作方法

1. 火焰原子化器操作

（1）空心阴极灯的点燃：装上待测元素的空心阴极灯，接通电源（顺序是：总电源→稳压电源→仪器电源→灯电源和记录仪电源），待元素灯发光稳定后，调节灯电源为所需值，预热15min左右。

（2）分析线的“寻找”：

① 调节狭缝宽度为选定值，轻轻拉出波长变换钮，按波长扫描键，从波长计数器上观察接近所选的分析线波长时，停止扫描，把变换钮推入中间挡，用手慢慢拨动波长转动轮，微调所需波长。

② 打开燃气室内光路滑板，使光进入单色器（若光束被燃烧头挡住，可降低燃烧器高度）。调节增益旋钮，使能量表略向右偏转，然后仔细地调节元素灯的位置和波长转动轮，使能量表指示值达最大，再慢慢加大增益，使能量表指示在蓝区（若能量表指示超过蓝区，即减少增益或灯电流）。

③ 调整雾化燃烧器位置，可将对光板跨骑在燃烧器狭缝中间处，调节燃烧器上下，左右旋钮和转动手柄，使光斑在燃烧器缝隙正上方约6mm处，并使缝与光轴平行。

（3）火焰的点燃：

① 点火前的检查：开放空气压缩机，调节压力表指示为$2kg\cdot cm^{-2}$，空气流量为$5L\cdot min^{-1}$，喷入蒸馏水，检查废液管是否畅通和排废管出口处是否被水封住。

② 点燃火焰：开启乙炔钢瓶，调节压力表指示为$0.6kg\cdot cm^{-2}$，乙炔流量计流量为选定值，待数秒钟后点火，吸入蒸馏水。

（4）测定条件的选择：

① 喷入同一标准溶液，改变乙炔、空气流量比和燃烧器灯头的高度、前后位置，找出

最佳测试条件。

② 在仪器稳定的前提下，改变灯电流和负高压，以获得最大吸光度。

(5) 吸光度的测量：

① 用蒸馏水调节仪器零点和记录仪零点，推上光路滑板(模拟消光片)，数字窗显示读数为0.32左右，(此时满量程为1A)记录仪指针应在32%格左右。

② 拉开光路滑板，测定各溶液的吸光度并进行记录，每测完一个吸光度，应喷入蒸馏水，使读数或记录仪指针回零。若由于仪器不稳，喷蒸馏水后仍不回零，则应调零。

(6) 测定后的处理：

① 测量完毕后，应继续喷雾蒸馏水5min，以清洗燃烧器和喷雾器。

② 关闭乙炔钢瓶，使管道中剩余乙炔气体烧尽，然后将乙炔开关拨向“关”，再关闭空气压缩机。

③ 将灯电流、增益旋钮复位后，推上光路滑板，关闭电源(顺序按接通电源时的逆顺序进行)，套上仪器防尘罩。使用石墨炉原子化装置时，可省略火焰点燃步骤。

2. *石墨炉原子化器操作*

(1) 石墨炉的安装：

① 把火焰原子化系统拆下，升降轴降到最低限度，将石墨炉从侧板角架上推入，并用螺钉固定。

② 将氩气气源、石墨炉电源、石墨炉对应连接好。石墨炉冷却水进口用塑料管与自来水管连接，出口排入下水道，然后装接好石墨炉电缆线。

③ 安装石墨管，将水拖板向上抬起，右电极向右轴向移，中间装进石墨管，并使石墨管中间进样孔对准石墨座上加样孔，移动右电极压紧石墨管，小拖板落入轴槽内定位。

(2) 对光及调整参比能量：

① 调节石墨炉炉体的水平位置，垂直位置和旋转角度，使主机能量为极大值。

② 推进参比光路滑板，按下背景校正键，接通氘灯电源，待数秒钟后，氘灯电流表指示300mA。

③ 调节氘灯前面的减少盘，改变氘灯信号能量(按下参比能量键时，能量表指示为氘灯能量，解除时为空心阴极灯能量)，如果氘灯能量和空心阴极灯能量相差不太大，那么改变空心阴极灯电流来达到两者能量相等。

(3) 石墨炉工作条件选定：

① 打开石墨炉电源，冷却水和保护气体开关，调节管外气体流量指示为300mL·min^{-1}，然后调节管气体流量(流量大小随测量元素而异)。

② 分别按动干燥、灰化、原子化手动按钮，调节相应的温度旋钮，使电流表指示所需值。

③ 将干燥、灰化、原子化时间旋钮拨到所需值。

④ 将干燥、灰化、原子化的斜率开关拨到所需值。

(4) 测量：

① 空烧石墨管：在注入样品前，按动启动键，加热程序开始，即干燥、灰化、原子化，或者按动“高温清洗”按钮(一般时间为3~5s，温度比原子化温度高10%)，以除去石墨管中的杂物。

② 样品引入，用微量吸液器吸取数微升待测液注入石墨管内(吸液嘴尽可能不触及石墨

管壁)。按动“启动”按钮，加热程序开始，在原子化阶段记录仪自动记录吸收峰值。待“准备”灯亮后，可向石墨管中注入一个新的样品，进行测量。

注意事项

(1) 调节高压倍增管高压时，必须慢慢逐步增加，使能量表指示不超过蓝区。

(2) 在换灯或参比光束没有进入单色器的情况下，严禁用自动增益控制按钮!!

(3) 必须先开空气、后开乙炔，数秒钟后点火，关闭时先乙炔后关空气，否则可能引起爆炸。

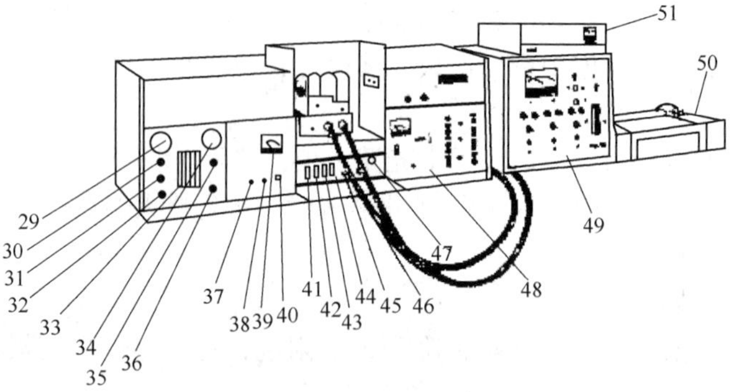

(a) 主机外形及面板旋钮

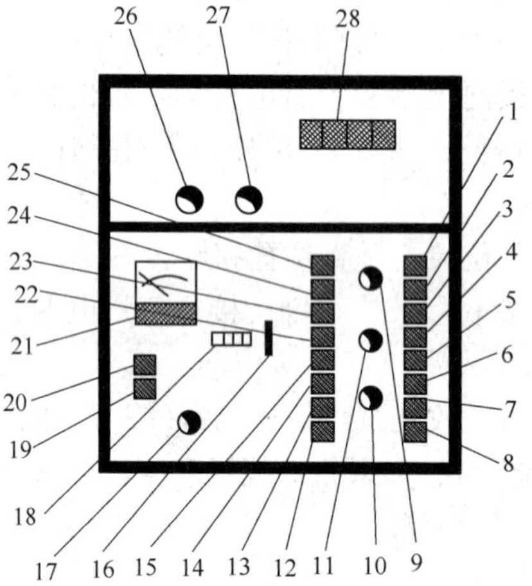

(b) 电子控制面板

附图 2－1　3200 型原子吸收分光光度计主机

1～4—积分时间按钮(时间分别为 1、3、8、15s)；5—背景校正按钮；6—曲线校值按钮；7—火焰发射按钮；8—条件设定(通常不用)；9—曲线校值按钮；10—增益旋钮(改变光电倍增管灵敏度)；11—量程扩大(20 倍)旋钮；12—主机电源开关；13—波长扫描按钮(↓)；14—波长扫描按钮(↑)；15—参比能量按钮；16—波长手动调节轮；17—波长变换旋钮；18—波长显示窗；19—读数按钮；20—零点自动控制按钮；21—能量表(通过调节光电倍增管电压，使能量表始终指示在蓝区)；22—浓度直读按钮；23—自动增益按钮；24—峰值保持按钮(用石墨炉时，把最大吸光度保持下来)；25—积分按钮(同时选定积分时间)；26—狭缝调节旋钮；27—阻尼旋钮(量程扩展时，改变基线平滑度)；28—数字显示窗(显示 0～1A 吸光度或浓度直读)；29—助燃气压力表；30—调节雾化气流量旋钮；31—调节助燃气流量旋钮；32—助燃气稳压阀旋钮；33—乙炔和空气转子流量计；34—乙炔压力表；35—乙炔气稳压阀旋钮；36—乙炔气调节旋钮；37—灯电流调节旋钮；38—取出空心阴极灯电源组件拉柄；39—灯电源开关；40—空心阴极灯电流表；41—气路控制系统电源开关；42—空气－笑气转换开关；43—助燃气开关；44—乙炔气开关；45—燃烧器前后移动旋钮；46—燃烧器高度调节旋钮；47—手动点火开关；48—电子控制板；49—石墨炉电源；50—记录仪；51—氘灯

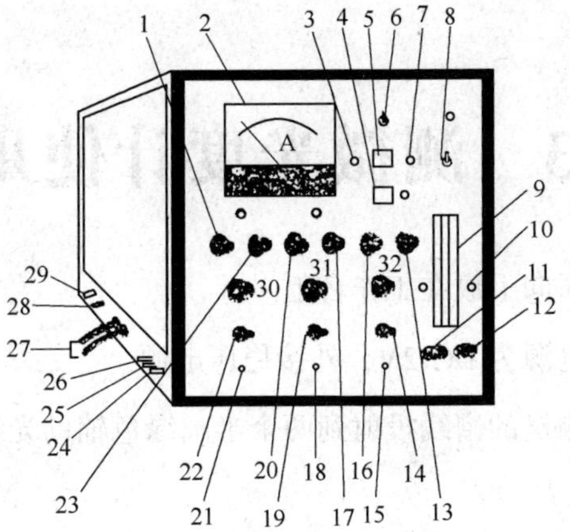

附图 2 - 2　石墨炉电源面板图

1—干燥时间旋钮(0～90s)；2—电流表；3—止动按钮(中断原子化序时间)；4—原子化时间扩大按钮(10 倍)；5—高温清洗按钮(手动清洗石墨管)；6—原子化停气开关；7—原子化程序启动按钮；8—石墨炉电源开关；9—转子流量计；10—准备指示灯；11—管外旋钮(调节石墨管外保护气体)；12—管内旋钮(调节石墨管管内保护气体)；13—原子化时间开关(0～90s)；14—原子化温度调节钮；15—按钮(按下此钮，调节 14，改变原子化温度)；16—原子化时间调节(0～90s)器；17—灰化时间开关(0～90s)；18—按钮(按下此钮，调节 19 选择灰化温度)；19—灰化温度调节旋钮；20—灰化时间调节旋钮(0～90s)；21—按钮(按下此钮，调节 22 选择干燥温度)；22—干燥温度调节旋钮；23—干燥时间调节旋钮(0～90s)；24—内管通气接口；25—外管通气接口；26—气源接口；27—接石墨炉电缆线；28—石墨炉主电源线；29—石墨炉控制电源线；30—干燥斜率旋钮；31—灰化斜率旋钮；32—原子化斜率旋钮

附录3 测微光度计使用方法

（1）将光谱底板乳剂面向上放在工作台上。

（2）插上电源插头，电源为 DC12V，外接稳压电源。

（3）将光谱底板上待测量的谱线投射到两个半圆绿色辅助光缝上，若不清晰，可用手轮(20)、(21)调至谱线清晰。

（4）选择好检流计标尺，例如用旋钮(28)选择所需标尺。S 标尺是常用的。

（5）用调节器(22)、(23)、(26)选择狭缝宽度、高度和倾斜度。

（6）调节光强度：将固定减光器放在 100 处，连续减光器放在 50 处，将感光板空白处对准狭缝口，调节检流计零点。用旋钮(30)使光标指在 S 标尺 ∞，轻轻按下检流计开关(31)，观察标尺移动情况，标尺向左移动若达不到零，可旋转连续减光器旋钮(24)，改变透过率，使指针指在零处。关上检流计开关，反复核对两次方可测定。

（7）移动工作台，将欲测量谱线对准狭缝，锁紧(14)，按下检流计开关(31)，用手轮(15)或(16)左右移动底片，使测量的谱线在标尺上得到最大读数，比值即为测量值，记下读数，关好检流计。

（8）全部测完后，检查检流计是否关好，关上狭缝窗板，拔掉电源插头。

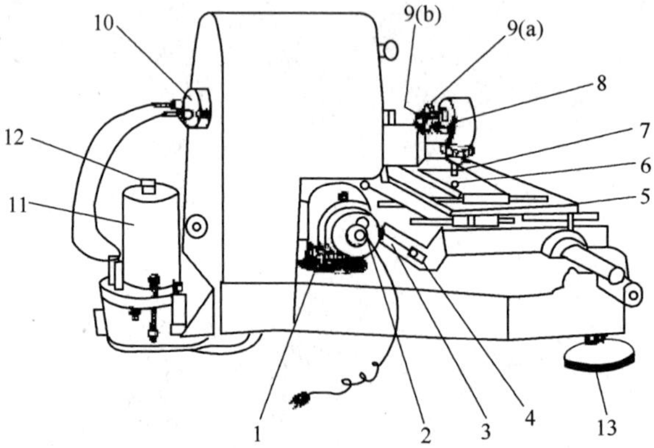

(a)

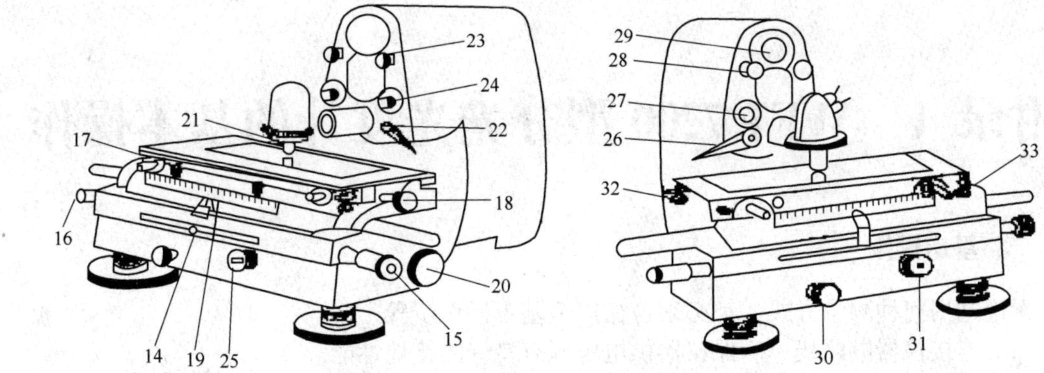

（b）　　　　　　　　　　　　（c）

附图 3－1　测微光度计的结构及旋钮

1—灯座固定螺丝；2—灯丝高低方向调节器；3—灯丝横向调节器；4—辅助光缝、绿色玻璃片调节柄；5—工作台；6—聚光物镜；7—测量物镜；8—棱镜座；9(a)—辅助透镜(放大 26 倍)；9(b)—辅助透镜(放大 23 倍)；10—光电池；11—检流计；12—检流计零位调节；13—仪器水平调节旋钮；14—工作台横向移动手柄；15、16—工作台横向移动细调鼓轮；17—使用 15、16 时固定制楔；18—工作台纵向移动手轮；19—谱片台横移标尺；20—聚光镜上、下移动调节手轮；21—测量物镜上、下移动调节手轮；22—狭缝高度调节手柄；23—狭缝宽度调节旋钮；24—连续减光器旋钮；25—与 24 连通的手轮；26—狭缝倾斜度手柄；27—固定透光率减光器手轮(刻度为 50、25、12、5)；28—标尺选择旋钮；29—读数窗；30—检流计测量零点调节手轮；31—检流计开关；32、33—工作台面调节旋钮

附录4　WFJ 7200型分光光度计的基本操作

一、基本操作

无论选用何种测量方式，都必须遵循以下基本操作步骤。

(1) 连接仪器电源线，确保仪器供电电源有良好的接地性能。

(2) 接通电源，使仪器预热20min。(不包括仪器自检时间)

(3) 用 < MODE > 键设置测试方式：透射比(T)，吸光度(A)，已知标准样品浓度值方式(C)和已知标准样品斜率(F)方式。

(4) 用波长选择旋钮设置所需的分析波长。

(5) 将参比样品溶液和被测样品分别倒入比色皿中，打开样品室盖，将盛放有溶液的比色皿分别插入比色皿槽中，盖上样品室盖。一般情况下，参比样品放在第一个槽位中。仪器所附的比色皿，其透射比是经过配对测试的，未经配对处理的比色皿将影响样品的测试精度。比色皿透过部分表面不能有指印、溶液痕迹，被测溶液中不能有气泡、悬浮物，否则也将影响样品测试的精度。

(6) 将%T校具(黑体)置入光路中，在T方式下按“%T”键，此时显示器显示“000.0”。

(7) 将参比样品推(拉)入光路中，按“0A/100%T”键调0A/100%T，此时显示器显示的“BLA”直至显示“100.0”%T或“0.000”A为止。

(8) 当仪器显示器显示出“100.0”%T或“0.000”A后，将被测样品推(拉)入光路，这时，便可从显示器上得到被测样品的透射比或吸光度值。

二、样品浓度的测量方法

1. 已知标准样品浓度值的测量方法

(1) 用 < MODE > 键将测试方式设置值至A(吸光度)状态。

(2) 用波长旋钮设置样品的分析波长，根据分析规程，每当分析波长改变时，必须重新调整0A/100%和0%T。

(3) 将参比样品溶液，标准样品溶液和被测样品溶液分别倒入比色皿中，打开样品室盖，将盛有溶液的比色皿分别插入比色槽中，盖上样品室盖。一般情况下，参比样品放在第一槽位中。仪器所附的比色皿，其投射比是经过配对测试的，未经配对处理的比色皿将影响样品的测试精度，比色皿透光部分表面不能有指印、溶液痕迹，被测溶液中不能有气泡、悬浮物，否则也将影响样品测试的精度。

(4) 将参比样品推(拉)入光路中，按“0A/100%T”键调0A/100%T，此时显示器显示的“BLA”直至显示“0.000”A为止。

(5) 用 < MODE > 键将测试方式设置至C状态。

(6) 将标准样品推(或拉)入光路中。

(7) 按“INC”或“DEC”键将已知的标准样品浓度值输入仪器，当显示器显示样品浓度值时，按“ENT”键。浓度值只能输入整数值，设定范围为0~1999。

注意：若标样浓度值与它的吸光度的比值大于1999时，将超出仪器测量范围，此时无法得到正确结果。例如，标准溶液浓度为150，其吸光度为0.065，二者之比为150/0.065 =

2308，已大于1999。这时可将标样浓度值除以10后输入，即输入15后进行测试。只是在下面第八步测得的浓度值需要乘以10扩大十倍。

（8）将被测样品依次推（或拉）入光路，这时，可从显示器上分别得到被测样品的浓度值。

2. 已知标准样品浓度斜率（*K*值）的测量方法

（1）用<MODE>键将测试方式设置至A（吸光度）状态。

（2）用波长旋钮设置样品的分析波长，根据分析规程，每当分析波长改变时，必须重新调整0*A*/100%*T*和0%*T*。

（3）将参比样品溶液和被测样品溶液分别倒入比色皿中，打开样品室盖，将盛有溶液的比色皿分别插入比色皿槽中，盖上样品室盖。一般情况下，参比样品放在第一个槽位中。

仪器所附的比色皿，其透射比是经过配对测试的，未经配对处理的比色皿将影响样品的测试精度，比色皿透光部分表面不能有指印、溶液痕迹，被测溶液中不能有气泡、悬浮物，否则也将影响样品测试的精度。

（4）将参比样品推（或拉）入光路中，按“0*A*/100%*T*”键调0*A*/100%*T*，此时显示器显示的“BLA”，直至显示“0.000”*A*为止。

（5）用<MODE>键将测试方式设置至T状态。

（6）按“INC”或“DEC”键输入已知的标准样品斜率值，当显示器显示标准样品斜率时。按“ENT”键。这时，测试方式指示灯自动指向“*C*”，斜率只能输入整数值。

（7）将被测样品依次推（或拉）入光路，这时，可从显示器分别得到被测样品的浓度值。

注意事项

（1）必须在开机前检查光路的通畅情况。

（2）为了防止光电管疲劳，不测定时必须将比色皿暗箱盖打开，使光路切断，以延长光电管使用寿命。

（3）比色皿的使用方法：

① 拿比色皿时，手指只能捏住比色皿的毛玻璃面，不要碰比色皿的透光面，以免沾污。

② 清洗比色皿时，一般先用水冲洗，再用蒸馏水洗净。如比色皿被有机物沾污，可用盐酸－乙醇混合洗涤液（1∶2）浸泡片刻，再用水冲洗。不能用碱溶液或氧化性强的洗涤液洗比色皿，以免损坏。也不能用毛刷清洗比色皿，以免损伤它的透光面。每次做完实验时，应立即洗净比色皿。

③ 比色皿外壁的水用擦镜纸或细软的吸水纸吸干，以保护透光面。

④ 测定有色溶液吸光度时，一定要用有色溶液洗比色皿内壁几次，以免改变有色溶液的浓度。另外，在测定一系列溶液的吸光度时，通常都按由稀到浓的顺序测定，以减小测量误差。

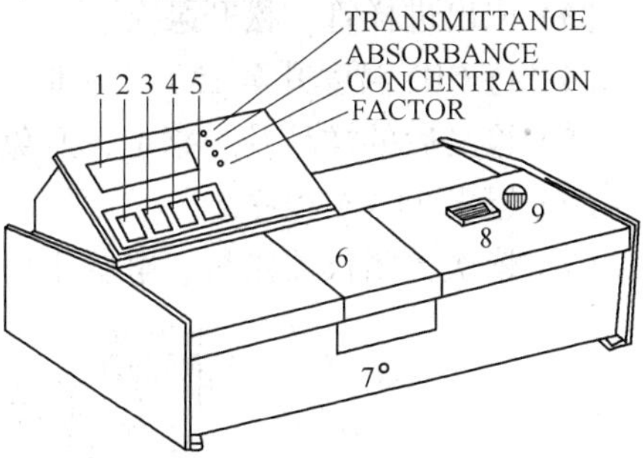

附图4－1　WFJ7200型可见分光光度计

数字显示器；2—MODE；3—$\frac{100\%}{\text{INC}}$；4—$\frac{0\%}{\text{DEC}}$；5—$\frac{\text{PRINT}}{\text{ENT}}$

比色槽；7—试样架拉手；8—波长刻度窗；9—波长受轮

⑤ 在实际分析工作中，通常根据溶液浓度的不同，选用液槽厚度不同的比色皿，使溶液的吸光度控制在0.2～0.7（吸光度与液层厚度呈正比）。

附录5　ICP－AES仪器操作

一、仪器开机

（1）仔细检查房间的湿度与温度，确保开除湿机与空调2h以上，房间湿度最好在60%以下。

（2）开机

① 打开电脑主机和显示器电源。

② 打开仪器电源。注意仪器自检动作，等待仪器与电脑联机约2min。

③ 双击，启动iTEVA软件，检查联机通讯情况。

④ 仪器光室开始预热，等待光室恒温至38℃，仪器处于准备状态。

（3）打开氩气钢瓶驱气至少60min以上（分析元素波长越短需要驱气时间越长），并确认氩气储量和压力符合要求。

（4）如果当天仪器开机，需要稳定2～3h，再次确认光室恒温至38℃。

（5）打开空调及除湿机除湿1h以上，确保房间温度、湿度达到要求。

（6）点火，点着火后等待等离子体稳定15～30min。

（7）编辑方法：在方法编辑页面里，分别输入被测元素的各种参数，进行分析测试。

二、关机程序

（1）分析完毕后，用蒸馏水冲洗进样系统5～10min，熄火。

（2）进入等离子体控制窗口，点击关闭等离子体。等待大约5min让等离子体火炬及RF关闭，然后再关闭水循环和排风，此时CID温度上升。

（3）取出进样管，松开泵夹。

（4）待CID温度升至15℃以上时，再保持通氩气5min。

（5）检测后的样品及时拿走，避免样品中的酸蒸气对仪器带来问题。

（6）退出TEVA程序。

（7）依次关闭仪器主机、电脑主机与显示器。

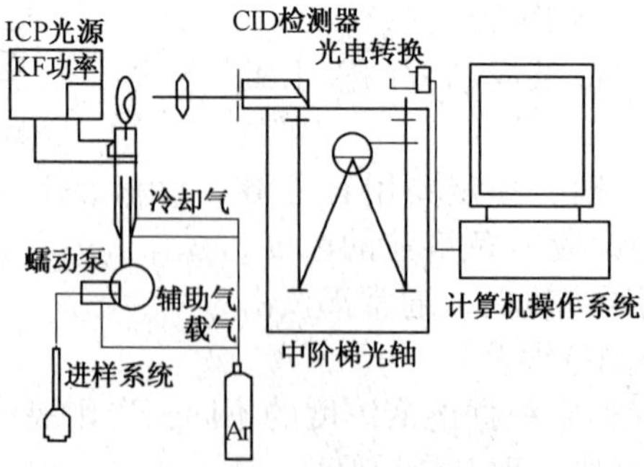

附图5－1　ICP－AES装置图

附录6　红外光谱中常用符号

符　号	名　称	单　位	说　明
λ	波长	μm	
$\bar{\sigma}$	波数	cm^{-1}	
σ	1. 频率 2. 伸缩振动符号	s^{-1} cm^{-1}或s^{-1}	也可用cm^{-1}表示 包括σ_S及σ_{as}
σ_s	对称伸缩振动	cm^{-1}或s^{-1}	
σ_{as}	反称伸缩振动	cm^{-1}或s^{-1}	
δ	面内弯曲振动	cm^{-1}或s^{-1}	狭义指剪式振动，包括剪式(δ)及ρ
ρ	面内摇摆振动	cm^{-1}或s^{-1}	
	面外弯曲振动	cm^{-1}或s^{-1}	
ω	面外摇摆振动	cm^{-1}或s^{-1}	
τ	面外蜷曲振动	cm^{-1}或s^{-1}	

附录7　红外光谱的八个重要区段

波数/cm^{-1}	波长/μm	振动类型
3750 ~ 3000	2.7 ~ 3.3	$\sigma_{(OH)}$、$\sigma_{(NH)}$
3300 ~ 2900	3.0 ~ 3.4	$\sigma_{(\equiv C-H)} > \sigma_{(=C-H)} \approx \sigma_{(Ar-H)}$
3000 ~ 2700	3.3 ~ 3.7	$\sigma(C-H)$($=C-H_3$、$-CH_2$、$\equiv C-H$、$-C(=O)OH$)
2400 ~ 2100	4.2 ~ 4.9	$\sigma_{(\equiv C-C)}$、$\sigma_{(C\equiv N)}$
1900 ~ 1650	5.3 ~ 6.1	$\sigma_{(C=O)}$(酸、醛、酮、胺、酯、酸酐)
1675 ~ 1500	5.9 ~ 6.2	$\sigma_{(C=C)}$、$\sigma_{(C=N)}$
1475 ~ 1300	6.877	δ(CH)
1000 ~ 650	10.0154	γ(CH)($HC=CH$、Ar—H)

附录8　主要基团的红外特征吸收峰

基　团	振动类型	波数/cm^{-1}	波长/μm	强度	备　注
一、烷烃类	CH 伸	3000 ~ 2800	3. 33 ~ 3. 57	中、强	分为反称与对称伸缩
	CH 弯(面内)	1490 ~ 1350	6. 70 ~ 7. 41	中、弱	
	C—C 伸(骨架振动)	1250 ~ 1140	8. 00 ~ 8. 77	中	不特征$(CH_3)_3$—C 及$(CH_3)_2$—C
1. —CH_3	CH 伸(反称)	2962 ± 10	3. 38 ± 0. 01	强	
	CH 伸(对称)	2872 ± 10	3. 48 ± 0. 01	强	分裂为三个峰，此峰最有用
					共振时，分裂为两个峰，此为平均值
	CH 弯(反称、面内)	1450 ± 20	6. 90 ± 0. 1	中	
	CH 弯(对称、面内)	1380 ~ 1370	7. 25 ~ 7. 30	强	
2. —CH_2—	CH 伸(反称)	2926 ± 10	3. 42 ± 0. 01	强	
	CH 伸(对称)	2853 ± 10	3. 51 ± 0. 01	强	
	CH 弯(面内)	1465 ± 10	6. 83 ± 0. 1	中	
3. 	CH 伸	1465 ± 10	3. 46 ± 0. 01	弱	
	CH 弯(面内)	约 1340	7. 46	弱	
4. —C(CH_3)$_3$	CH 弯(面内)	1395 ~ 1385	7. 17 ~ 7. 22	中	
	CH 弯	1370 ~ 1365	7. 30 ~ 7. 33	强	
	C—C 伸	1250 ± 5	8. 00 ± 0. 03	中	骨架振动
	C—C 伸	1250 ~ 1200	8. 00 ~ 8. 33	中	骨架振动
	可能为 CH 弯(面外)	约 415	24. 1	中	
二、烯烃类	CH 伸	3095 ~ 3000	3. 23 ~ 3. 33	中、弱	═C—H
	C═C 伸	1695 ~ 1540	5. 90 ~ 6. 50	变	C ═C═C 则为 2000 ~ 1925cm^{-1} (5. 0 ~ 5. 2μm)
	CH 弯(面内)	1430 ~ 1290	7. 00 ~ 7. 75	中	
	CH 弯(面外)	1010 ~ 667	9. 90 ~ 15. 0	强	中间有数段间隔
1. 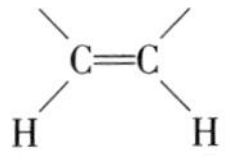 (顺式)	CH 伸	3040 ~ 3010	3. 29 ~ 3. 32	中	
	CH 弯(面内)	1310 ~ 1295	7. 63 ~ 7. 72	中	
	CH 弯(面外)	770 ~ 665	12. 99 ~ 15. 04	强	
2. 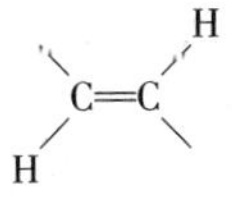 (反式)	CH 伸	3040 ~ 3010	3. 29 ~ 3. 32	中	
	CH 弯(面外)	970 ~ 960	10. 31 ~ 1042	强	
三、炔烃类	CH 伸	约 3300	约 3. 03	中	
	C≡C 伸	2270 ~ 2100	4. 41 ~ 4. 76	中	
	CH 弯(面内)	约 1250	约 8. 00		由于此位置峰多，故无应用价值
	CH 弯(面外)	645 ~ 615	15. 50 ~ 16. 25	强	

基　团	振动类型	波数/cm^{-1}	波长/μm	强度	备　注
1. R—C≡CH	CH 伸 C≡C 伸	3310～3300 2140～2100	3.02～3.03 4.67～4.76	中 特弱	有用 可能看不到
2. R—C≡C—R	C≡C 伸 ① 与 C═C 共轭 ② 与 C═O 共轭	2260～2190 2270～2220 约 2250	4.43～4.57 4.41～4.51 约 4.44	弱 中 强	
四、芳烃类 1. 苯环	CH 伸 泛频峰 骨架振动（$\sigma_{C=C}$） CH 弯（面内） CH 弯（面外） 苯环的骨架振动（$\sigma_{C=C}$）	3125～3030 2000～1667 1650～1430 1250～1000 910～665 1600±20 1500±25 1580±10 1450±20	3.20～3.30 5.00～6.00 6.06～6.99 8.00～10.0 10.99～15.03 6.25±0.08 6.67±0.10 6.33±0.04 6.90±0.10	变 弱 中、强 弱 强	一般三、四个峰 苯环高度特征峰 确定苯环存在最重要峰之一 确定取代位置最重要吸收峰 共轭环
（1）单取代	CH 弯（面外）	770～730 710～690	12.99～13.70 14.08～14.49	极强 强	五个相邻氢
（2）邻双取代	CH 弯（面外）	770～735	12.99～13.61	极强	四个相邻氢
（3）间邻双取代	CH 弯（面外）	810～750 725～680 900～860	12.35～13.33 13.79～14.71 11.12～11.63	极强 中、强 中	三个相邻氢 三个相邻氢 一个氢（次要）
（4）对双取代	CH 弯（面外）	860～790	11.63～12.66	极强	二个相邻氢
（5）1，2，3 三取代	CH 弯（面外）	780～760 745～705	12.82～13.16 13.42～14.18	强 强	三个相邻氢，与双取代易混，参考 δ_{CH} 与泛频峰
（6）1，3，5 三取代	CH 弯（面外）	865～810 730～675	11.56～12.35 13.70～14.81	强 强	
（7）1，2，4 三取代	CH 弯（面外）	900～860 860～800	11.11～11.63 11.63～12.50	中 强	一个氢 二个相邻氢
（8）1，2，3，4 四取代	CH 弯（面外）	860～800	11.63～12.50	强	二个相邻氢
（9）1，2，4，5 四取代	CH 弯（面外）	870～855	11.49～11.70	强	一个氢
（10）1，2，3，5 四取代	CH 弯（面外）	850～840	11.76～11.90	强	一个氢
（11）五取代	CH 弯（面外）	900～860	11.11～11.63	强	一个氢
2. 萘环	骨架振动（$\sigma_{C=C}$）	1650～1600 1630～1575 1525～1450	6.06～6.25 6.14～6.35 6.56～6.90		相当于苯环 1580cm^{-1}峰

续表

基　团	振动类型	波数/cm^{-1}	波长/μm	强度	备　注
五、醇类	OH 伸	3700～3200	2.70～3.13	变	
	OH 弯(面内)	1410～1260	7.09～7.93	弱	
	C—O 伸	1250～1000	8.00～10.00	强	
	O—H 弯(面外)	750～650	13.33～15.38	强	液态有此峰
(1)OH 伸缩频率					
游离 OH	OH 伸	3650～3590	2.74～2.79	变	尖峰
分子间氢键	OH 伸(单桥)	3550～3450	2.82～2.90	变	尖峰，稀释移动(但数据可靠性差)
分子间氢键	OH 伸 (多聚缔合)	3400～3200	2.94～3.12	强	宽峰，稀释移动(但数据可靠性差)
分子间氢键	OH 伸(单桥)	3570～3450	2.80～2.90	变	尖峰，稀释无影响
分子间氢键	OH 伸(螯形化合物)	3200～2500	3.12～4.00	弱	很宽，稀释无影响
(2)OH 弯或 C—O 伸	OH 弯(面内)	1350～1260	7.41～7.93	强	
伯醇	C—O 伸	约 1050	约 9.52	强	
—CH_2OH	OH 弯(面内)	1350～1260	7.41～7.93	强	
仲醇	C—O 伸	约 1110	约 9.00	强	
＼CHOH 叔醇 ／	OH 弯(面内)	1410～1310	7.09～7.63	强	
＼ —C—OH ／	C—O	约 1150	约 8.70	强	
六、酚类	OH 伸	3705～3125	2.71～3.20	强	
	OH 弯(面内)	1390～1315	7.20～7.60	中	
	φ—O 伸	1335～1165	7.50～8.60	强	φ—O 伸即苯环上 σ_{C-O}
七、醚类 1. 脂肪醚	C—O	1210～1015	8.25～9.85	强	
a. R—CH_2OCH_2—R	C—O 伸	约 1110	约 9.00	强	
a. 不饱和醚 (H_2C ═ CH—O)$_2$	C ═ C 伸	1640～1560	6.10～6.40	强	
2. 脂环醚	C—O 伸	1250～909	8.00～11.0	中	
		980～970	10.20～1031	中	
a. 四元环	C—O 伸	1100～1075	9.09～9.30	中	
b. 五元环	C—O 伸	约 1250	约 8.00	强	
c. 环氧化物	C—O	约 890	约 11.24		反式
		约 830	约 12.05		顺式
3. 芳醚	ArC—O 伸	1270～1230	7.87～8.13	强	
	R—C—O—φ 伸	1055～1000	9.50～10.00	中	含—CH_3
	CH 伸	约 2825	约 3.53	弱	的芳醚(O—CH_3)
	φ—O 伸	1175～1110	8.50～9.00	中、强	在苯环上三或三以上取代时，特强

续表

基　团	振动类型	波数/cm^{-1}	波长/μm	强度	备　注
八、醛类 (—CHO)	CH 伸 C ═ O 伸 CH 弯(面外)	2900 ~ 2700 1755 ~ 1665 975 ~ 780	3.45 ~ 3.70 5.70 ~ 6.00 10.26 ~ 12.80	弱 很强 中	一般为两个谱带 ~ 2855cm^{-1} (3.5μm) 及 ~ 2740cm^{-1} (3.65μm)
1. 饱和脂肪醛	C ═ O 伸 其他振动	1755 ~ 1695 1440 ~ 1325	5.70 ~ 5.90 6.95 ~ 7.55	强 中	CH 伸、CH 弯同上
2. α、β 不饱和醛	C ═ C 伸	1705 ~ 1680	5.86 ~ 5.95	强	CH 伸、CH 弯同上
3. 芳醛	C ═ O 伸 其他振动 其他振动 其他振动	1725 ~ 1665 1415 ~ 1350 1320 ~ 1260 1230 ~ 1160	5.80 ~ 6.00 7.07 ~ 7.41 7.58 ~ 7.94 8.13 ~ 8.62	强 中 中 中	CH 伸、CH 弯同上 与芳环上的取代基有关 与芳环上的取代基有关 与芳环上的取代基有关
九、酮类 (>C═O) 1. 酯酮	C ═ O 伸 其他振动 泛频	1730 ~ 1540 1250 ~ 1030 3510 ~ 3390	5.78 ~ 6.94 8.00 ~ 9.70 2.85 ~ 2.95	极强 弱 很弱	
(1) 饱和链状酮 ($—CH_2—CO—CH_2—$)	C ═ O 伸	1725 ~ 1705	5.80 ~ 5.86	强	
(2) α、β 不饱和酮 (—CH ═ CH—CO—)	C ═ O 伸	1685 ~ 1665	5.94 ~ 6.01	强	由于 C ═ O 与 C ═ C 共轭，降低 40cm^{-1}
(3) α - 二酮 (CO—CO—)	C ═ O 伸	1730 ~ 1710	5.78 ~ 5.85	强	
(4) β - 二酮 (烯醇式) ($—CO—CH_2—CO—$)	C ═ O 伸	1640 ~ 1540	6.10 ~ 6.49	强	宽，共轭螯合作用非正常 C ═ O 峰
2. 芳酮类	C ═ O 伸 其他振动	1700 ~ 1300 1320 ~ 1200	5.88 ~ 7.69 7.57 ~ 8.33	强	很宽的谱带可能是 $\sigma_{C=O}$ 与其他部分振动的耦合
(1) Ar—CO (2) 二芳基酮 (Ar—CO—Ar)	C ═ O 伸 C ═ O 伸	1700 ~ 1680 1670 ~ 1660	5.88 ~ 5.95 5.99 ~ 6.02	强 强	
(3) 1 - 酮基 - 2 - 羟基或氨基芳酮	C ═ O 伸	1665 ~ 1635	6.01 ~ 6.12	强	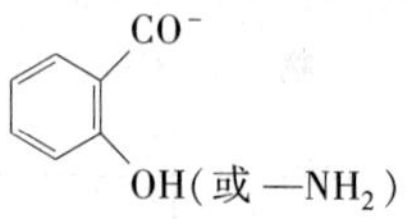
3. 脂环酮 (1) 六元、七元环酮 (2) 五元环酮	C ═ O 伸 C ═ O 伸	1725 ~ 1705 1750 ~ 1740	5.80 ~ 5.86 5.71 ~ 5.75	强 强	

续表

基　团	振动类型	波数/cm^{-1}	波长/μm	强度	备　注
十、羧酸类 (—COOH)					
1. 脂肪酸	OH 伸	3335～2500	3.00～4.00	中	二聚体，宽
	C ═ O 伸	1740～1650	5.75～6.05	强	二聚体
	OH 弯(面内)	1450～1410	6.90～7.10	弱	二聚体 1440～1395cm^{-1}
	C—O 伸	1266～1205	7.90～8.30	中	二聚体
	OH 弯(面外)	960～900	10.4～11.1	弱	
(1)R—COOH(饱和)	C ═ O 伸	1725～1700	5.80～5.88	强	
(2)α-卤代脂肪酸	C ═ O 伸	1740～1720	5.75～5.81	强	
(3)α、β-不饱和酸	C ═ O 伸	1715～1690	5.83～5.91	强	
2. 芳酸	CH 伸	3335～2500	3.00～4.00	弱、中	
	C ═ O 伸	1750～1680	5.70～5.95	强	二聚体
	OH 弯(面内)	1450～1410	6.90～7.10	弱	二聚体
	C—O 伸	1290～1205	7.75～8.30	中	
	OH 弯(面外)	950～870	10.5～11.5	弱	
十一、酸酐 (1)链酐酸	C ═ O 伸(反称)	1850～1800	5.11～5.56	强	共轭时每个谱带降 20cm^{-1}
	C ═ O 伸(对称)	1780～1740	5.62～5.75	强	
	C—O 伸	1170～1050	8.55～9.52	强	
(2)环酸酐 (五元环)	C ═ O 伸(反称)	1870～1820	5.35～5.49	强	共轭时每个谱带降 20cm^{-1}
	C ═ O 伸(对称)	1800～1750	5.56～5.71	强	
	C—O 伸	1300～1200	7.69～8.33	强	
十二、酯类 (—C(=O)—OR)	C ═ O 伸(泛频)	约 3450	约 2.90		
	C ═ O 伸	1820～1650	5.50～6.06		
	C—O—C 伸	1300～1150	7.69～8.70		
1. C ═ O 伸缩振动					
(1)正常饱和酯类	C ═ O 伸	1750～1735	5.71～5.76	强	
(2)芳香酯及α、β不饱和酯类	C ═ O 伸	1730～1717	5.78～5.82	强	
(3)β酮类的酯类(烯醇型)	C ═ O 伸	约 1650	约 6.06	强	
(4)δ-内酯	C ═ O 伸	1750～1735	5.71～5.76	强	
(5)γ-内酯(饱和)	C ═ O 伸	1780～1760	5.62～5.68	强	
(6)β-内酯	C ═ O 伸	约 1820	越 5.50	强	
2. C—O 伸缩振动					
(1)甲酸酯类	C—O 伸	1200～1180	8.33～8.48	强	
(2)乙酸酯类	C—O 伸	1250～1230	8.00～8.13	强	
(3)酚类乙酸酯	C—O 伸	约 1250	约 8.00	强	
十三、胺	NH 伸	3500～3300	2.86～3.03	中	
	NH 弯(面内)	1650～1550	6.06～6.45		
	C—N 伸芳香	1360～1250	7.35～8.00	强	伯胺强，中；仲胺极弱
	C—N 伸脂肪	1235～1065	8.10～9.40	中、弱	
	NH 弯(面外)	900～650	11.1～15.4		

基　团	振动类型	波数/cm^{-1}	波长/μm	强度	备　注
(1)伯胺类 ($C—NH_2$)	NH 伸	3500～3300	2.86～3.03	中	两个峰
	NH 弯(面内)	1650～1550	6.06～6.45	强、中	
	C—N 伸芳香	1350～1280	7.41～7.81	强	
	C—N 伸脂肪	1220～1020	8.20～9.80	中、弱	
(2)仲胺类 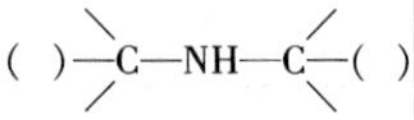	NH 伸	3500～3300	2.86～3.03	中	一个峰
	NH 弯(面内)	1650～1550	6.06～6.45	极弱	
	C—N 伸芳香	1350～1280	7.41～7.81	强	
	C—N 伸脂肪	1220～1020	8.20～9.80	中、弱	
(3)叔胺 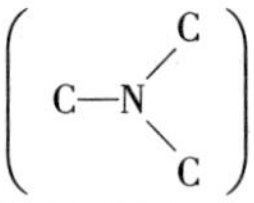	C—N 伸芳香	1360～1310	7.35～7.63	强	
	C—N 伸脂肪	1220～1020	8.20～9.80	中、弱	
十四、不饱和含氮化合物 C ≡ N 伸缩振动					
(1)RCX	C ≡ N 伸	2260～2240	4.43～4.46	强	
(2)α、β 芳香氰	C ≡ N 伸	2240～2220	4.46～4.51	强	饱和，脂肪族
(3)α、β 不饱和脂肪族氰	C ≡ N 伸	2235～2215	4.47～4.52	强	
十五、杂环芳香族化合物	CH 伸	约 3030	6.00～7.00	弱	
1. 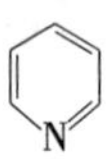 吡啶类	环的骨架振动 ($\sigma_{C=C}$ 及 $\sigma_{C=N}$)	1667～1430		中	
(喹啉同吡啶)	CH 弯(面内)	175～1110	8.50～10.0	弱	
	CH 弯(面外)	910～665	11.0～15.0	强	
	环上的 CH 面外弯				
	① 普通取代基				
	α 取代	780～740	12.82～13.51	强	
	β 取代	805～780	12.42～12.82	强	
	γ 取代	830～790	12.05～12.66	强	
	② 吸电子基				
	α 取代	810～770	12.35～13.00	强	
	β 取代	820～800	12.20～12.50	强	
		730～690	13.70～14.49	强	
	γ 取代	860～830	11.62～12.05	强	
2. 嘧啶类 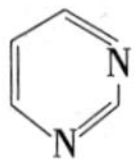	CH 伸	3060～3010	3.27～3.32	弱	
	环的骨架振动 ($\sigma_{C=C}$ 及 $\sigma_{C=N}$)	1580～1520	6.33～6.58	中	
	环上 CH 弯	1000～960	10.00～10.42	中	
	环上 CH 弯	825～775	12.12～12.90	中	

续表

基　团	振动类型	波数/cm^{-1}	波长/μm	强度	备　注
十六、硝基化合物	NO_2伸(反称)	1565～1543	6.39～6.47	强	
(1)R—NO_2	NO_2伸(对称)	1385～1360	7.22～7.35	强	
	C—N伸	920～800	10.87～12.50	中	用途不大
(2)Ar—NO_2	NO_2伸(反称)	1560～1510	6.45～6.62	强	
	NO_2伸(对称)	1365～1335	7.33～7.49	强	
	C—N伸	860～840	11.63～11.90	强	
	不明	约750	约13.33	强	

参考文献

1. 复旦大学化学系．仪器分析实验．上海：复旦大学出版社，1986
2. 赵文宽，张悟铭，王长发，周性尧．仪器分析实验．北京：高等教育出版社，1997
3. 冯玉红．现代仪器分析实用教程．北京：北京大学出版社，2008
4. 北京大学化学系仪器分析教学组．仪器分析教程．北京：北京大学出版社，1997
5. 浙江大学，南京大学，北京大学，兰州大学．综合化学实验．北京：高等教育出版社，2001
6. 陈培榕，邓勃．现代仪器分析实验与技术．北京：清华大学出版社，1999
7. 武汉大学化学与分子科学学院实验中心主编．仪器分析实验．武汉：武汉大学出版社，2005
8. 杨孙楷，苏循荣，林竹光．仪器分析实验．厦门：厦门大学出版社，2000
9. 张剑荣，戚苓，方惠群．仪器分析实验．北京：科学出版社，1999
10. 张晓丽．仪器分析化学．北京：化学工业出版社，2006
11. 苏克曼，张济新．仪器分析实验．北京：高等教育出版社，2005
12. 陈国松、陈昌云．仪器分析实验．南京：南京大学出版社，2009
13. 吴性良、朱万森．仪器分析实验．上海：复旦大学出版社，2008
14. 俞英．仪器分析实验．北京：化学工业出版社，2008
15. 杨万龙．李文友．仪器分析实验．北京：科学出版社，2008